LE MONDE SECRET du Sol

LE MONDE SECRET du Sol

De la "roche-mère" à l'humus

Photographies de l'auteur

Patricia Touyre

delachaux et niestlé

À Richard, pour sa connivence.

Si vous désirez être tenu au courant des publications de l'éditeur de cet ouvrage, il vous suffit d'envoyer votre adresse, en mentionnant le pays, aux éditions:

Delachaux et Niestlé
Service promotion
82, rue de Courcelles
F-75008 Paris

Vous recevrez régulièrement, sans engagement de votre part, nos catalogues et une information sur toutes les nouveautés que vous trouverez chez votre libraire.

Édition: Alinéa
Conception et réalisation: Alinéa
Relecture: Nathalie Rachline
Réalisation des schémas: Matthieu Hofseth

ISBN 2-603-01223-1

Sommaire

3/Le sol, cette terre sous nos pieds

1 Préambule

Variations sur les mots sol et terre

Aussi loin que l'on regarde dans l'histoire humaine, le lien entre l'homme et la terre est tenace. S'il y eut le bouillon originel d'où sortit la vie, c'est de la terre qu'est née l'humanité tout entière avec ses cultures, ses villages, ses villes, ses civilisations. C'est dans la terre que prennent naissance nos richesses matérielles et culturelles ; c'est la terre qui en garde les traces.

Terre comme planète ; terre comme pays, comme patrie, comme mère, comme berceau, origine, naissance.

Terre comme territoire, comme propriété ; terre comme richesse, comme humus, comme humilité, comme matière, comme glaise, comme création.

Terre comme boue, comme poussière, comme mort.

Terre comme rusticité ; terre comme sol, comme substrat, comme terre nourricière.

Mais aussi : terre comme espoir, comme espace, comme souffrance ou douceur, parfums et senteurs...

Ce sont là quelques variations sur ce mot aux riches évocations. Tout y est intégré. La variation du biologiste est terre comme sol, la plus « terre à terre » des variations ?

Contemplatif, philosophe et poète à ses heures, le biologiste les garde toutes à l'esprit. Elles sont, pour lui, reflets de la vie qu'il étudie.

Mais comment définir le sol ? Selon le *Petit Larousse*, le sol est *« la partie superficielle de l'écorce terrestre qui est soumise à l'action de l'érosion (mécanique et chimique) des animaux et des végétaux aboutissant à l'altération et à l'ameublissement des roches sous jacentes »*. Cette partie de l'écorce, bien que directement liée à la roche sous-jacente (sous-sol ou encore **roche-mère** des spécialistes), est bien différente de cette dernière. Une science bien précise l'étudie, c'est la **pédologie**, souvent confondue avec la **géologie** qui s'occupe, elle, des roches sur lesquelles repose le sol.

Ce livre voudrait sensibiliser le lecteur à cette science en lui proposant l'observation du sol comme celle d'un univers secret. Il voudrait l'amener à saisir la grande complexité, la grande richesse des phénomènes vitaux qui ont lieu dans le sol, lui faire découvrir sa faune, sa flore; lui faire apprécier sa qualité, lui montrer son rôle dans notre environnement; mais surtout lui donner le plaisir de découvrir toute la beauté, toute l'importance de ce monde, de ce **biotope** méconnu.

J'ai conçu ce livre sous la forme d'un guide qui entraîne le lecteur à voir, à toucher, à sentir même cette terre, et à découvrir une richesse de phénomènes à la base du fonctionnement de notre environnement et par-delà de notre économie.

L'aventure du sol est passionnante; l'observation de celui-ci révèle et met en exergue des problèmes d'écologie d'une actualité manifeste.

Le sol est un grand livre ouvert vers la découverte du fonctionnement de nos écosystèmes.

Je voudrais vous y entraîner en toute simplicité, sans pouvoir tout vous dire, juste comme si, en m'accompagnant lors de mes sorties en campagne, je vous montrais de petits détails parfois si importants.

Le matériel rudimentaire du pédologue amateur

J'aurais envie de dire qu'un bon canif suffit pour explorer, les yeux, les mains et le nez complétant avantageusement le matériel. Mais c'est avec un certain plaisir que l'on aime confectionner sa panoplie d'outils, et ceux-ci permettront, il est vrai, des observations plus complètes. On peut donc ajouter au canif, une loupe (grossissement 10 x), des sacs ou des petits flacons en matière plastique pour échantillonnage, une pelle, style pelle américaine. Cette dernière est recommandée si l'on veut se lancer dans une étude plus approfondie des sols. On veillera alors à ne pas l'utiliser de manière excessive et à refermer les trous réalisés.

Un petit flacon hermétique avec une solution d'acide chlorhydrique (1 %) ou du vinaigre blanc peut s'avérer utile en région à sous-sol calcaire. Un testeur de pH peut compléter la panoplie; divers modèles sont maintenant proposés dans des magasins nature ou dans certaines jardineries.

N'oublions pas le petit carnet pour y rassembler notes et schémas.

2 Les premiers centimètres du sol

Commençons nos premiers pas en forêt. Une toute première approche y est souvent plus aisée. Là, à nos pieds, se retrouve souvent bien visible un des éléments originels du sol : les débris végétaux. Ces derniers forment un tapis de feuilles mortes : la **litière**. D'autres éléments font partie de

Au printemps, après le débourrement et la floraison, écailles de bourgeons et fleurs flétries forment une couche de litière dans nos forêt.

cette litière : écailles des bourgeons tombés au printemps, écorces, petits bois morts, déjections et cadavres d'animaux, etc. ; les feuilles constituent la fraction la plus importante et la plus constante (voir page 14). Dans nos forêts, la quantité de feuilles mortes tombant chaque année atteint environ 3 tonnes à l'hectare. L'observation de cette couche peut révéler une série de phénomènes naturels dont l'importance se situe au niveau planétaire. C'est en effet au niveau de la litière que se joue toute la survie d'une forêt, puisqu'elle est la source même de l'alimentation de cette dernière (alimentation en carbone et en partie alimentation minérale). La forêt va donc utiliser ses déchets pour continuer à croître. Elle va recycler la litière et tout cela se fait sous nos pieds. Dans les autres écosystèmes, qu'ils soient terrestres (prairies, savanes, steppes) ou aquatiques (lacs, rivières ou océans), un processus simi-

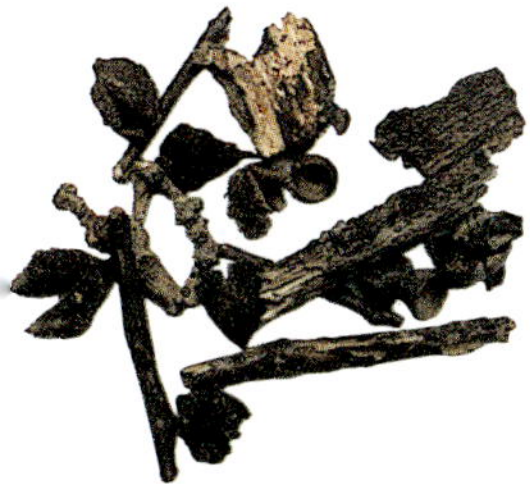

Éléments de la litière : bois morts, cupules de chêne et hêtre, écorces.

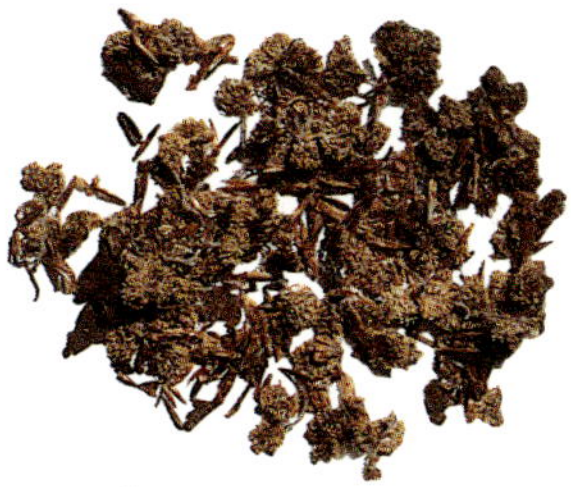

Éléments de la litière : fleurs et écailles de bourgeons.

Éléments de la litière : bois morts.

laire existe et présente aussi pour notre planète une étape vitale. En forêt, le mécanisme s'observe facilement sans trop d'astuces. Les observations proposées permettront de voir comment l'écosystème forêt procède au recyclage de ses détritus. L'accumulation de détritus dans un écosystème constitue une stagnation du carbone, élément nécessaire pour former la matière vivante. Dans l'état « détritus », ce carbone ne peut servir : il doit être transformé. La litière est en quelque sorte un stock de matières premières !

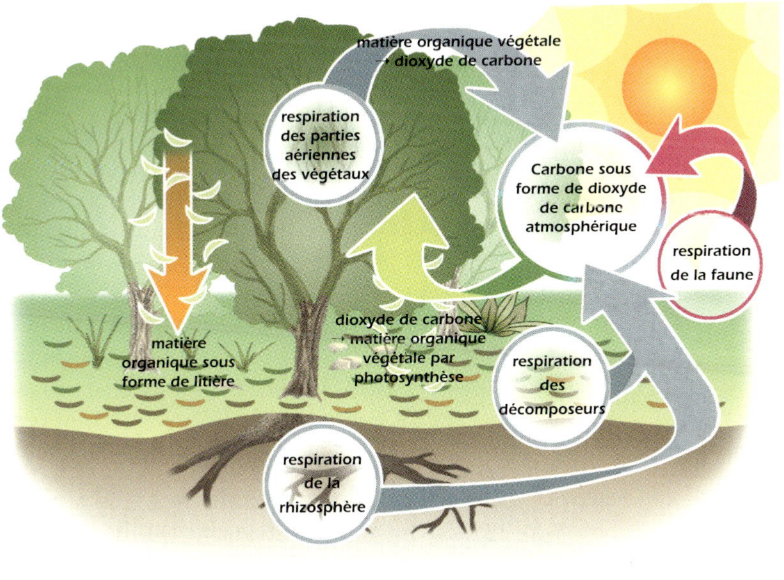

Le cycle du carbone

La rhizosphère constitue un biotope formé des racines et des organismes qui lui sont inféodés.

Grattons un peu sous la litière. Dans les premiers centimètres du sol se développe une bonne partie des racines et des radicelles. Leurs abords immédiats font partie d'une autre zone que distinguent le pédologue et le biologiste, c'est la **rhizosphère**. Cette dernière se prolonge dans les couches inférieures et pourra encore y être observée. La **rhizosphère** dans les premiers centimètres du sol révèle l'existence de phénomènes excessivement importants pour le fonctionnement de nos écosystèmes, qu'ils soient ou non travaillés par l'homme. C'est pourquoi nous explorerons cette zone-là aussi.

Litières forestières et humus

Les détritus d'un écosystème sont composés de matière organique, c'est-à-dire de matière formée de carbone (C). Le carbone y est sous forme non assimilable par les plantes qui ne peuvent le puiser que sous forme de dioxyde de carbone (CO_2) lors de la synthèse chlorophyllienne. Il faut donc, avant toute chose, que la matière organique des détritus soit transformée en CO_2. Cette transformation matière organique → CO_2 s'appelle la « décomposition de la matière organique ». Elle est semblable à une combustion, ou encore à une respiration. Mais cette combustion est lente. Elle conduit, au final, à la libération du carbone et aussi à la libération d'éléments minéraux emprisonnés dans la matière organique et qui retournent au sol. La « mise à feu » de cette combustion fait intervenir toute une série d'organismes dont diverses traces peuvent être décelées par l'observation de la litière.

Dans les forêts de nos régions, il est possible d'observer, à la surface du sol, une couche plus ou moins importante de litière. Arpentant les forêts, le promeneur verra que cette litière varie en abondance au cours de l'année et suivant les types de forêts. Dans certaines, elle semble persister d'une

Litière d'épicéa.

Litière de hêtre fraîchement tombée.

Litière de charme.

année à l'autre ; dans d'autres, elle disparaît rapidement. La qualité des feuilles varie d'une essence à l'autre. Il est des essences à décomposition lente, d'autres à dégradabilité plus rapide. Ainsi, les feuilles de hêtre et de chêne résistent mieux à la dégradation que ne le font le charme ou l'érable. La qualité des feuilles n'est pas la seule raison de cette variation d'épaisseur. Les différents facteurs du milieu (température, humidité, acidité, par exemple) interviennent aussi.

Les forêts où la litière disparaît rapidement sont plus fertiles et possèdent une productivité plus grande. Le rapport entre la litière tombée annuellement et la quantité de litière au sol avant les nouvelles chutes de litière peut être utilisé par les biologistes comme indice de productivité d'une forêt.

Les lignes suivantes guident le lecteur dans la recherche d'indices révélateurs du phénomène de décomposition ; elles lui proposent quelques expériences simples permettant de préciser le phénomène.

Les végétaux sont autotrophes

Pour se nourrir, les plantes ne sont pas liées aux autres êtres vivants, d'où le préfixe « auto- » du qualificatif qui les caractérise. Elles puisent l'aliment de base à la constitution de tout être vivant, le carbone, dans l'atmosphère grâce à leur chlorophylle, pigment vert dont tout le monde a entendu parler. Au niveau de ce pigment a lieu une réaction qui transforme le carbone minéral de l'atmosphère en carbone organique des êtres vivants. Le premier est le carbone qui se trouve dans les molécules de dioxyde de carbone (CO_2) ; le deuxième est le carbone qui se trouve dans les molécules vivantes dont les formules chimiques sont beaucoup plus complexes que celle du dioxyde. Pour avoir lieu, la réaction a besoin de l'énergie du soleil (d'où le nom de « photosynthèse » donné aussi à cette réaction), ainsi que l'eau de l'atmosphère. On peut dire sans exagération que c'est la réaction chimique capitale de notre planète : sans elle, il n'y aurait aucune vie sur terre, du moins comme nous la concevons. ■

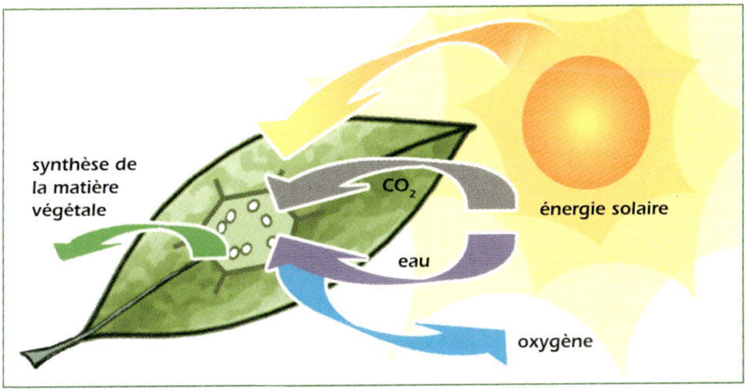

La synthèse chlorophylienne

INDICES, CE QUI INTRIGUE

Feuilles blanchies

Il n'est pas rare qu'effeuillant la couche de feuilles mortes reposant sur le sol on en rencontre de couleur crème. Voilà un premier signe de dégradation. Les substances constituant la feuille elle-même sont transformées. C'est la **pourriture blanche**. Elle est attribuée à une activité des champignons, principalement des Basidiomycètes, un des plus importants groupes de champignons à chapeau.

Feuille blanchie de hêtre montrant une attaque manifeste des champignons.

Que représente cette pourriture blanche ? C'est la dégradation de la lignine, substance hautement résistante et entrant dans la constitution de la feuille. Ce phénomène de décomposition porte le nom de **ligninolyse**. La lyse est la coupure de longues molécules organiques en fragments plus petits. Cette lyse s'effectue ici grâce à la diffusion, par les filaments mycéliens des champignons, de substances dégradantes permettant la digestion progressive et lente de ces constituants.

Voici quelques champignons communs provoquant la pourriture blanche : la Collybie butyracée (*Collybia butiracea*), le Marasme guêtré (*Marasmius peronatus*), le Pied bleu (*Rhodopaxillus nudus*), le Mycène pur (*Mycena pura*), le Laccaire améthyste (*Laccaria amethystina*), le Clitocybe en entonnoir (*Clitocybe infundibuliformis*).

Collybie butyracée
(Collybia butiracea)

Marasme guêtré
(Marasmius peronatus)

le Pied bleu
(Rhodopaxillus nudus)

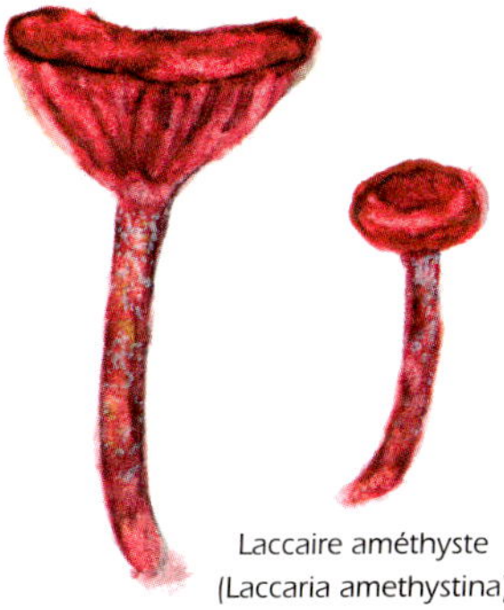

Laccaire améthyste
(Laccaria amethystina)

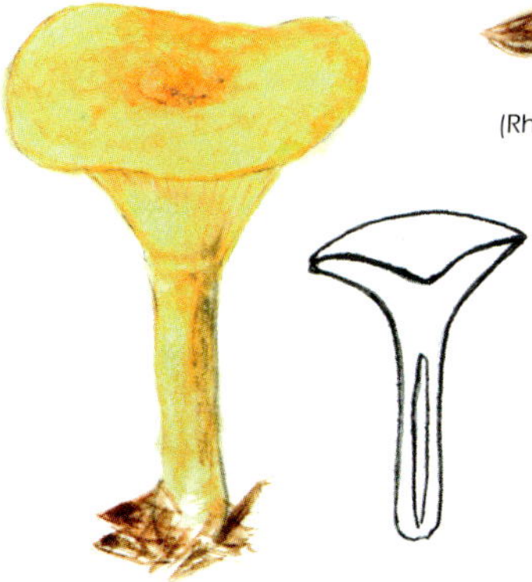

Clitocybe en entonnoir
(Clitocybe infundibuliformis)

Laccaire laqué (Laccaria laccata)

D'autres lyses importantes

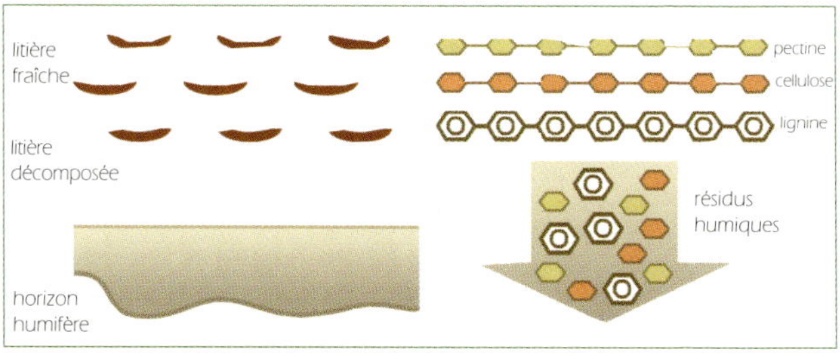

Il faut savoir que la feuille est constituée de pectine, de cellulose et de lignine. Ces constituants, qui sont de grandes molécules chimiques, emprisonnent en quelque sorte une partie des éléments minéraux (calcium, potassium, sodium, magnésium, soufre, phosphore) utiles au fonctionnement des écosystèmes. Les divers organismes du sol vont s'attaquer à la coupure de ces grandes molécules. Ce sont les macrochampignons, comme dans le cas de la ligninolyse, mais aussi des microchampignons (moisissures) et des bactéries, pour la cellulolyse et la pectinolyse. Les résidus de ces lyses formeront l'humus des sols forestiers, qui s'incorporera petit à petit dans les couches minérales du sol (résidus humiques). Ces résidus se retrouvent en plus ou moins grande quantité dans les couches inférieures et jouent un rôle important dans la richesse minérale d'un sol (voir colloïdes p. 43). ■

Pourriture blanche et pourriture brune

La pourriture blanche se rencontre aussi évidemment sur les bois morts, encore plus riches en lignine que les feuilles. On y observe aussi la pourri-

Pourriture blanche du bois laissant comme résidus des fragments filandreux ; le bois devient léger.

La pourriture brune du bois : on distingue un cordon noir, trace de l'Armilliaire couleur de miel. Ce cordon est constitué de filaments du champignon ; il forme une structure appelée rhizomorphe, très active dans la décomposition. Les résidus forment de petits fragments plus ou moins cubiques.

ture brune, caractérisée par un bois friable mais de couleur sombre; cette pourriture est également le résultat d'une lyse de la lignine mais elle engendre d'autres produits finaux. La coupure s'est effectuée, cette fois, à d'autres endroits de la molécule de lignine. ■

Feuilles en dentelle

Plus souvent entrevues par le promeneur, ce sont les feuilles en dentelle, autre révélation de ce phénomène important du recyclage des débris végétaux. Cette fois, c'est l'action de la microfaune qui est mise en évidence, principalement celle d'un groupe d'arthropodes: les collemboles. Ces animaux sont dits «litiérophages» (du grec *phagein*, manger).

Ces derniers prélèvent la partie la plus tendre de la feuille pour se nourrir; restent les vaisseaux des feuilles qui constituent la charpente. Si les animaux sont ici les agents principaux de la décomposition des feuilles, il n'empêche qu'ils sont aidés par toute une série de bactéries qui agissent indirectement lors de la digestion de ces débris dans le tractus intestinal des animaux eux-mêmes.

On retrouve parfois sous la litière une couche grumeleuse constituée des excréments des animaux ayant consommé les feuilles. Cette couche est appelée «horizon coprogène» (du grec *kopros*, excrément, et *genos*, origine). Il est le résultat d'une intense activité des animaux litiérophages.

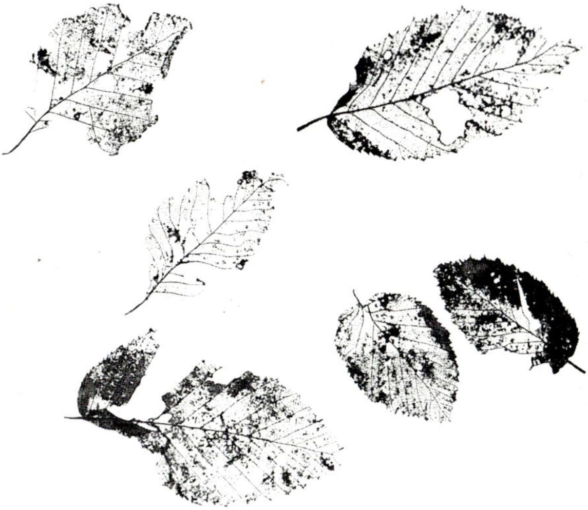

Feuilles en dentelle.

Feuilles fragmentées

Elles sont le résultat d'attaques multiples; la désintégration est ici essentiellement mécanique. Ce sont principalement les animaux du sol qui fragmentent les feuilles en morceaux plus petits, mais il faut aussi prendre en compte les alternances de températures et de degrés d'humidité. Le résultat de cette fragmentation est une augmentation des surfaces des feuilles(1) et donc de nouveaux points d'attaque pour les bactéries et les champignons qui prennent alors le relais. D'après les estimations de certains auteurs, la surface des feuilles peut, par ce « grignotage », augmenter jusqu'à 10000 fois.

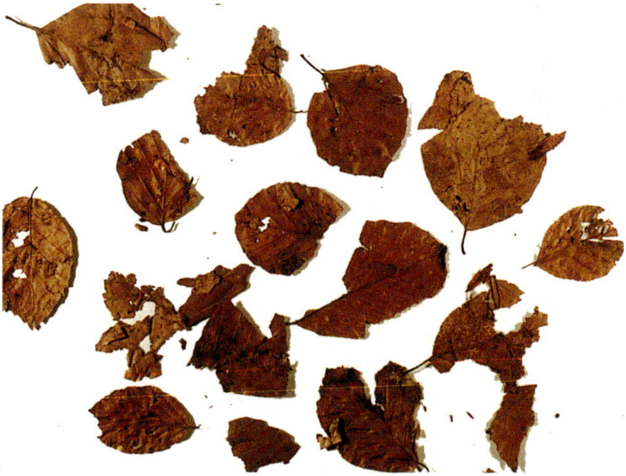

Feuilles fragmentées.

Odeur d'humus

Lorsque l'on manipule la litière forestière, une odeur de terreau se dégage. Cette odeur caractéristique révèle la présence de certaines bactéries, les **Streptomycètes**, appartenant à un grand groupe de bactéries filamenteuses : les **Actinomycètes**. Ces bactéries sont très nombreuses dans le sol. Elles participent à la dégradation de la cellulose, mais aussi au cycle de l'azote. Les Streptomycètes sont en effet ammonifi-

(1) Chaque fragment de feuille présente un contour possédant une épaisseur de quelques dixièmes de millimètres; c'est principalement la surface représentée par ce contour qui augmente avec la fragmentation.

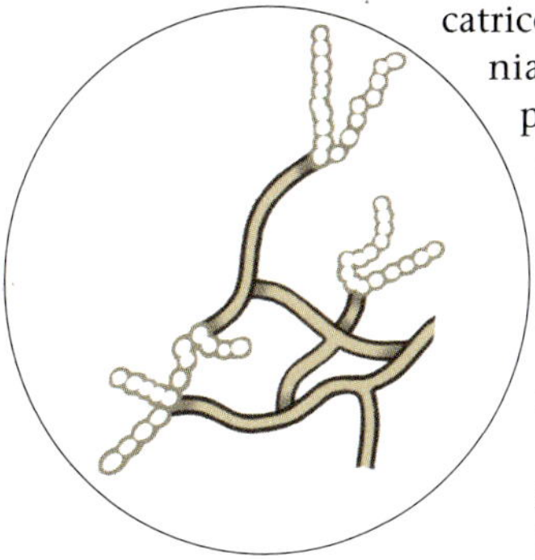

catrices, c'est-à-dire qu'elles produisent de l'ammoniac. Ce produit azoté est volatil ; ce sont les pluies qui le ramèneront à la terre et l'azote qu'il contient pourra être récupéré par les plantes. De plus, les Streptomycètes libèrent dans le sol des **streptomycines** antibiotiques puissants. Ces bactéries pourront donc avoir un rôle inhibiteur vis-à-vis d'autres organismes du sol.

Streptomyces : croquis d'après une vue au microscope (grossissement 1 200 fois).

Inhibitions et synergies : tout n'est pas si simple !

Les conditions de milieux (température, degrés d'humidité, taux d'oxygène, etc.) interviennent dans la décomposition des litières en activant ou en ralentissant le phénomène. La pluie joue un rôle primordial. C'est elle qui initie la décomposition en lessivant toutes les substances solubles alors même que les feuilles se trouvent encore sur l'arbre. Ces substances sont entraînées dans le sol par les eaux d'infiltration. Les pluies automnales, puis vernales, activent généralement les actions des différents organismes. Il faut tenir compte aussi des effets de ces derniers entre eux.
Ainsi, à l'instar des Streptomycètes, des bactéries peuvent libérer des antibiotiques dans le milieu, ce qui freine l'action d'autres micro-organismes. Les animaux, eux (par exemple les acariens et les collemboles), peuvent brouter les microchampignons ; il en résulte une diminution d'activité de ces derniers, alors que, d'autre part, la microfaune active la décomposi-

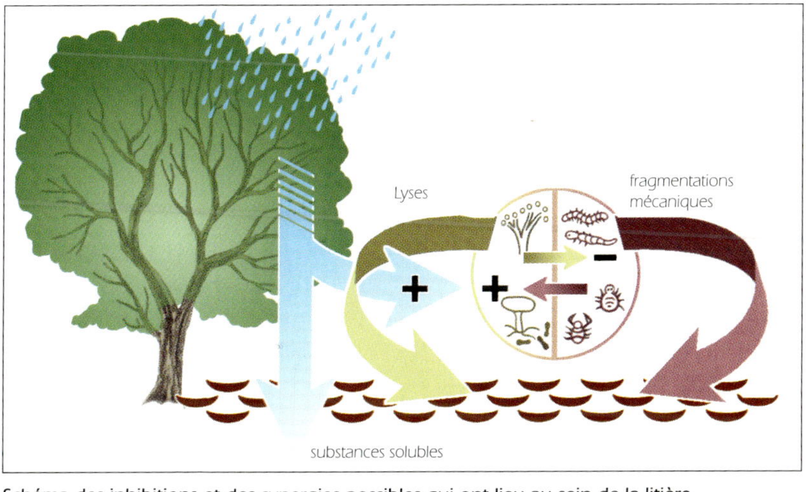

Schéma des inhibitions et des synergies possibles qui ont lieu au sein de la litière.

tion en broutant les feuilles. En revanche, la microfaune bouderait les feuilles blanchies par les champignons. On constate donc qu'il existe au sein des litières des synergies et des antagonismes nombreux établis au fil du temps et créant un certain équilibre qu'une intervention extérieure mal contrôlée risquerait de rompre. Aussi l'emploi de fongicides ou de pesticides pour traiter une maladie s'attaquant à une plantation peut avoir un effet négatif sur la décomposition de la matière organique et par-delà sur la productivité d'une forêt. ■

PETITES EXPÉRIENCES

Comment observer la faune litiéricole ?

Cette méthode classique pour l'étude des organismes des litières est déjà bien éprouvée.

Le principe : faire fuir d'un échantillon de litière la faune litiéricole qui redoute la lumière et la sécheresse.

Le matériel : un entonnoir, un récipient sur lequel repose ce dernier, une lampe de bureau. L'ensemble, rudimentaire mais efficace, constitue l'appareil de Tullgren.

L'appareil de Tullgren.

La procédure : on rajoute un peu d'eau dans le récipient. On place la litière dans l'entonnoir, et on l'éclaire à l'aide de la lampe de bureau durant quelques heures.

Les animaux récupérés au fond du récipient sont examinés à l'œil nu ou, mieux, avec une loupe (grossissement idéal 10 fois). La planche page 23 présente quelques exemples de la faune litiéricole.

Le lecteur se reportera au chapitre 3, page 78, pour la détermination des animaux litiéricoles.

La faune litiéricole : un échantillon de terrain.

Comment mesurer l'activité des micro-organismes ?

L'observation directe sur le terrain de l'activité des micro-organismes n'est pas évidente. Leur activité globale dans les litières peut être par exemple évaluée en suivant le poids d'un échantillon de litière au cours du temps. Mais on ne saura pas qui fait quoi. On peut, pour mieux comprendre le processus, mettre différents substrats à la disposition des micro-oganismes. Ainsi est-il possible, par une méthode simple, de mettre en évidence une activité potentielle de quelques-uns des représentants de la microflore, actifs dans le processus de décomposition. L'activité cellulolytique (de décomposition de la cellulose) peut, par exemple, être mise en évidence par une méthode assez simple et facile à réaliser.

Le principe : introduire dans la litière de la cellulose pure et suivre son évolution au cours du temps.

Le matériel : un sac de 10 cm de côté fait dans de la gaze ; de la cellulose sous forme de papier, type mouchoir en papier ou feuille de cellophane.

La procédure : elle consiste à placer, au sein de la litière, les papiers enfermés dans les sacs en fine gaze et de suivre l'évolution de leur disparition progressive. On pourra déduire le temps qu'il faut pour que la cellulose pure disparaisse, les

La cellulolyse : un mouchoir en papier séjournant dans le sol permet de mettre en évidence une flore cellulolytique constituée de microchampignons et de bactéries qui colorent le papier.

moments où l'activité cellulolytique semble plus intense ou encore comparer plusieurs stations (forêts, prairies). On pourra également observer les traces des microchampignons et les colonies de bactéries qui se développent sur les échantillons de cellulose.

SYNTHÈSE : RECYCLAGE ET *TURNOVER*

La litière constitue le principal apport régulier en détritus de la forêt. Cette litière emprisonne la matière première nécessaire à une forêt pour continuer de croître, c'est-à-dire le carbone et divers éléments minéraux. La forêt ne peut pas les utiliser tels quels, le **recyclage** est nécessaire.

Il se concrétise, dans son étape première, par la décomposition de la litière. Cette décomposition a pour conséquence la libération du carbone sous forme de dioxyde de carbone CO_2 (respiration des décomposeurs), la libération d'éléments minéraux et la formation de produits divers constituant l'humus, sorte de compost riche en substances nutritives. Ce recyclage de la matière est aussi appelé par les scientifiques « *turnover* ». De nombreux agents biologiques participent à ce phénomène : les animaux qui constituent la faune litiéricole, les champignons et les bactéries qui constituent la flore litiéricole. Dans un écosystème, les êtres vivants s'intègrent dans une chaîne alimentaire. De ce point de vue, la faune et la flore litiéricoles appartiennent, en majorité, au groupe des décomposeurs ; les animaux sont nommés « détritivores » ; la flore est, elle, qualifiée de « saprophyte ». Faune et flore s'alimentent de déchets organiques morts.

L'humus résultant de ce recyclage se désintègre aussi et s'incorpore petit à petit dans le sol minéral sous-jacent. Sa durée de vie (qui correspond à son incorporation dans le sol) varie comme pour la litière en fonction de l'activité biologique qui y règne et des conditions du milieu.

Les spécialistes distinguent divers humus. Trois grands types peuvent être retenus et décelables facilement :

• Dans une forêt où le recyclage est lent se forme un humus appelé « **mor** » ; il est constitué d'une couche noire très distincte du sol sous-jacent.

• Dans une forêt où l'activité biologique est intense, l'humus formé s'appelle « **mull** ». L'intégration des résidus organiques est telle qu'on ne distingue pas une séparation nette avec le sol minéral. La matière organique est bien incorporée à la matière minérale. La couche supérieure du sol est légèrement plus noirâtre que les couches profondes.

Le mor. L'incorporation de la matière organique se fait lentement dans le sol ; un horizon noir apparaît nettement.

Le mull. On ne distingue plus d'horizon noir tranché ; la matière organique s'incorpore au fur et à mesure dans les horizons inférieurs.

Le moder. On distingue encore un horizon noirâtre d'incorporation de la matière organique, mais la limite de la couche noire est moins tranchée.

• Un humus intermédiaire se distingue dans les forêts où l'activité des décomposeurs est moyenne; c'est le **moder**. Il se décèle par une couche distincte brunâtre sombre qui révèle un mélange progressif des deux couches en contact (couche de débris et couche du sol minéral).

Dans les parages des racines et des radicelles: la rhizosphère

En observant les quelques premiers centimètres d'un sol, on mettra inévitablement à nu des racines et des radicelles. L'ensemble de ces derniers éléments et leur proximité immédiate constituent, rappelons-le, la rhizosphère. Cette zone est un endroit de contact privilégié des plantes avec leur environnement. Tout le monde a eu connaissance des poils absorbants situés sur les racines et qui jouent un rôle prépondérant dans l'alimentation minérale de la plante.

L'observation minutieuse de cette rhizosphère révèle encore au promeneur des structures d'un grand intérêt écologique. Elle le familiarisera, notamment, avec les bactéries bénéfiques de la rhizosphère désignées par les Anglo-saxons par le sigle PGPR (Plant Growth Promoting Rhizobacteria).

Le pralinage: une vieille technique, pleine de sagesse!

Nos vieux jardiniers le savent: rien de tel que de praliner les racines d'un arbre avant de le replanter dans son jardin. Cette technique ancestrale consiste à tremper les racines des jeunes arbres dans une pâte faite de terre, de bouse (ou autre déjection d'animaux) et d'eau. C'est un moyen efficace pour activer les micro-organismes de la rhizosphère et assurer ainsi une bonne croissance à la jeune plante. ■

CE QU'IL FAUT VOIR...

Sur les radicelles des essences ligneuses dans les litières

À diverses époques de l'année apparaissent, sur les radicelles des arbres, des amas vésiculeux, petites boursouflures en grappes plus ou moins denses et de couleurs variables. Ces petites formations d'apparence insignifiante constituent la matérialisation d'un phénomène important de relations intimes entre champignons et essences ligneuses. Ce sont des **mycorhizes** (du grec *mycos*, champignon, et *rhizos*, racine).

Le mycélium de certains champignons forme autour des terminaisons des racines un manchon dense créant cette

Mycorhizes sur radicelles de hêtre.

structure identifiable. L'association de deux êtres vivants où chaque partenaire bénéficie des facultés de l'autre s'appelle une « **symbiose** » ; tel est le cas de la mycorhize. Les espèces de champignons mycorhiziens ne peuvent dégrader la matière organique comme le font leurs congénères saprophytes. L'association intime avec un arbre leur permet d'assurer leur alimentation en bénéficiant des matières carbonées fabriquées par l'arbre lors de sa synthèse chlorophyllienne ainsi que certaines vitamines (du groupe B notamment). Du côté de l'arbre, l'augmentation de la surface d'absorption des radicelles favorise la nutrition minérale de l'arbre. L'assimilation de molécules azotées et phosphorées est plus aisée car le champignon est plus apte à assimiler ces molécules qui se retrouvent dans l'humus sous des formes complexes et qui, sans lui, resteraient bloquées. Lors de sa croissance, le champignon diffuse des substances antibiotiques, ce qui a pour effet une détoxication du sol aux abords immédiats de la racine permettant une croissance dans des conditions plus favorables pour l'arbre. On a pu mettre en évidence aussi l'émission par le champignon de substances de croissances induisant un développement harmonieux des jeunes pieds ligneux. Attribuer un type de mycorhize à une espèce de champignon bien précise n'est pas souvent possible, mais l'association d'espèces de champignons à une espèce d'arbre est très connue. Ainsi, l'Amanite tue-mouche (*Amanita muscaria*) se retrouve souvent sous le bouleau, le Cèpe (*Boletus edulis*) sous le hêtre, le Bolet élégant (*Boletus elegans*) sous le mélèze, etc. Ces champignons réalisent préférentiellement des mycorhizes avec les espèces d'arbres sous lesquels on les retrouve. La mycorhize est l'envers du décor, une partie cachée mais importante du champignon.

Amanita muscaria
champignon mycorhizien
du bouleau.

Boletus elegans
champignon mycorhizien
du mélèze.

Mycorhizes ectotrophes et mycorhizes endotrophes

Il semble que la plupart des plantes possèdent des hôtes mycorhiziens. Cette association champignons-plantes peut se faire de deux manières : soit le champignon pénètre superficiellement dans son hôte et entoure d'un manchon mycélien les radicelles de la plante ; c'est la mycorhize ectotrophe, observable sur le terrain ; soit le champignon pénètre dans les cellules de la plante hôte ; on parle alors de mycorhize endotrophe. Cette dernière formation est plus délicate à déceler et nécessite l'observation au microscope. Ces mycorhizes sont courantes sur certaines plantes herbacées. Elles ont les mêmes conséquences bénéfiques pour les plantes. Les champignons formant les mycorhizes endotrophes appartiennent à d'autres groupes de champignons que celui des mycorhizes ectotrophes (microchampignons). Ces espèces peuvent vivre dans le sol mais alors en saprophytes ; lorsqu'ils sont en symbiose, ils restent limités à l'intérieur de la plante et ne font pas partie de la rhizosphère. Des recherches ont mis en évidence la présence en abondance de mycorhizes endotrophes, dans le cas de plantes poussant dans des endroits aux conditions extrêmes (sols asphyxiants, pauvres). Il en est ainsi pour les éricacées comme la bruyère et la myrtille. La famille des orchidées est aussi connue pour ses mycorhizes endotrophes indispensables à leur croissance. Des recherches récentes semblent confirmer une hypothèse selon laquelle la plupart des plantes seraient mycorhizées, ce qui leur permettrait une croissance harmonieuse. ■

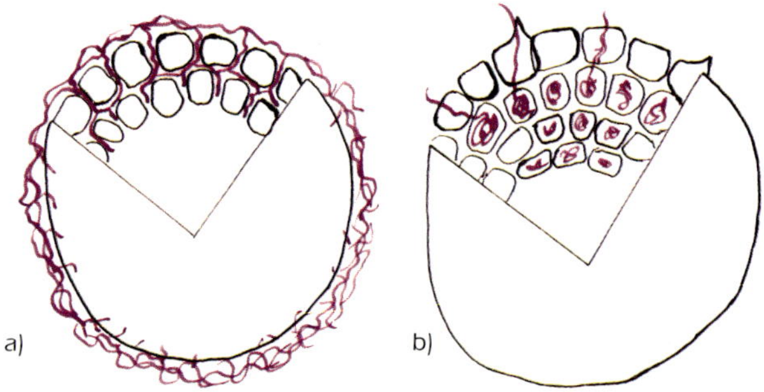

Coupe transversales dans une racine : a) dans le cas de la mycorhize ectotrophe, le champignon forme un manchon autour de la racine et pénètre superficiellement entre les cellules ; b) dans le cas de la mycorhize endotrophe, le champignon pénètre dans les cellules de la racine.

La Truffe : champignon mycorhizien par excellence !

La Truffe (*Tuber melanosporum* et autres espèces), champignon le plus estimé des gastronomes, est un champignon mycorhizien. Son lien intime avec le chêne est bien connu, mais on la retrouve aussi sur d'autres espèces. Le chêne forme, par ses racines, une symbiose avec la Truffe. On qualifie alors l'arbre en question de « chêne truffier ». La Truffe tant recherchée est la fructification (chapeau, carpophore) du champignon hôte. On peut se procurer des chênes truffiers. Ce sont de jeunes arbres dont les racines ont été mises en présence du champignon et dont le mycélium forme des mycorhizes. Les conditions de formation de la truffe restent difficiles à cerner. ■

Le Sucepin (*Monotropa hypopitys*) : un nom bien approprié !

Voici une plante bien singulière que l'on peut découvrir dans certaines forêts de conifères et de hêtres. Sa hampe florale est dépourvue de chlorophylle, ce qui lui donne une couleur blanchâtre ; elle fait penser à une fleur de cire. L'absence de chlorophylle signifie absence de photosynthèse, donc impossibilité pour le Sucepin de former sa propre matière. Des recherches ont montré que cette plante formait une mycorhize avec les champignons déjà en symbiose avec les arbres tout proches. Par marquage du carbone (voir schéma ci-contre), on a constaté que le Sucepin pompait, via le champignon, la matière formée par les arbres voisins lors de leur photosynthèse. ■

Le Sucepin.

Le Sucepin pompe la matière organique élaborée par l'arbre via le champignon mycorhizien.

Sur les racines des légumineuses

L'observation sur le terrain permet aussi de détecter la présence de bactéries. Elle se manifeste par une sorte de symbiose proche de la mycorhize ; ce sont les **nodosités**, petites vésicules apparaissant sur les radicelles des légumineuses (papilionacées), famille de plantes à laquelle appartiennent notamment les trèfles. Ces vésicules, que l'on peut découvrir facilement sur les racines de trèfle, par exemple, contiennent, dans un mucilage, des bactéries du groupe des *Rhizobium*. Ces bactéries vivent de l'azote gazeux qui se trouve dans l'atmosphère. Elles existent à l'état libre dans le sol mais peuvent aussi envahir les poils absorbants des légumineuses. Il se forme alors de petits nodules. Les bactéries se répandent alors dans les cellules des racines de la plante. Elles fixent l'azote atmosphérique, c'est-à-dire qu'elles transforment l'azote de l'air en ammonium. Sous cette dernière forme, la plante peut utiliser l'azote pour synthétiser des protéines. Les nodosités se décomposent rapidement. Dans la terre proche se répandent les bactéries ainsi qu'une partie de l'azote qu'utiliseront d'autres plantes. Les nodosités ont donc enrichi le sol en azote. Ceci explique l'utilisation en agriculture des légumineuses pour enrichir un terrain en azote

Les nodosités du trèfle.

(engrais vert). S'agissant d'une symbiose, on se demandera quels sont les avantages pour chacune des parties : la plante d'une part et la bactérie de l'autre. En ce qui concerne la plante, c'est évidemment la possibilité d'utiliser une source d'azote non assimilable directement par elle et indispensable à sa croissance. Pour la bactérie, c'est la possibilité d'utiliser un milieu nutritif favorable (le contenu cellulaire de la plante) et notamment une forme particulière d'hémoglobine (la leghémoglobine) que produisent les légumineuses et qui permet à la bactérie de mieux « respirer » l'azote de l'air.

Il faut savoir que la seule source d'azote de la biosphère est l'azote atmosphérique nécessaire à tous les être vivants pour synthétiser leurs propres protéines. La source d'azote est quasi infinie ; la symbiose légumineuses-*Rhizobium* assure 50 % de la fixation annuelle d'azote atmosphérique sur notre globe. L'association légumineuses-*Rhizobium* apporte au sol jusqu'à 400 kg d'azote par hectare et par an (Claude Lioret).

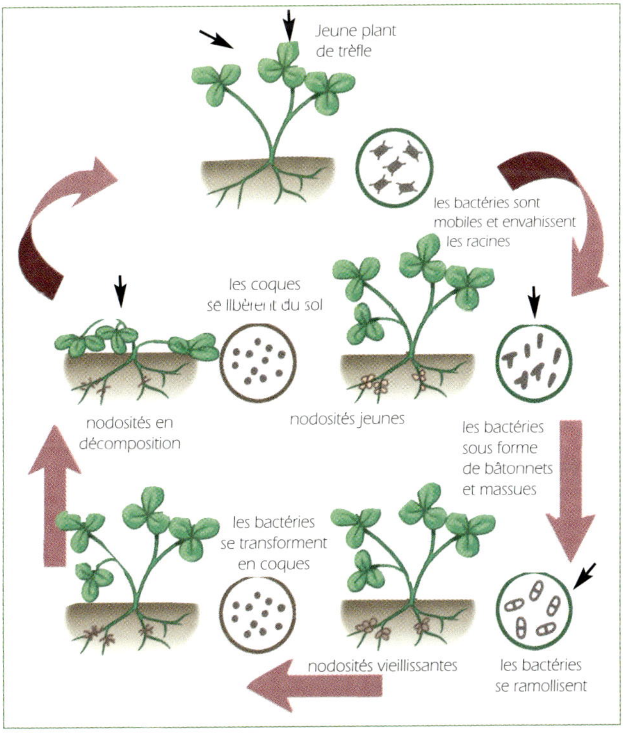

Le cycle de développement du rhizobium.

Applications agronomiques

L'intérêt agronomique et économique des nodosités des légumineuses est considérable. L'apport d'azote par fixation revêt une importance mondiale rivalisant et surpassant les quantités d'azote apportées par les engrais commercialisés. Avec l'azote se forment des acides aminés qui sont à la base de la synthèse des protéines. Les nodosités sont donc très utiles pour produire à peu de frais des protéines végétales alimentaires. Les recherches dans ce domaine sont donc cruciales. Des souches performantes de bactéries ont été sélectionnées. Les racines de légumineuses cultivées ont été mises en leur présence (inoculation) en vue d'obtenir les meilleurs rendements.
Les recherches sur les nodosités ont montré que la fixation d'azote dépendait de gènes des bactéries. Les légumineuses sont donc une sorte de végétaux « transgéniques » naturels. Actuellement, la recherche agronomique vise à introduire des gènes fixateurs d'azote dans des plantes ne produisant pas de nodosités, par exemple le blé. Ces gènes sont prélevés à des bactéries fixatrices d'azote tels les *Rhizobium*. On obtiendrait donc des plantes transgéniques pour lesquelles un apport extérieur d'azote deviendrait superflu. On imagine l'économie considérable réalisée : plus de dépenses pour un épandage souvent mal dosé, mais aussi une amélioration de l'environnement où les apports de nitrates en excès n'auraient plus cours. ■

Sur les racines des aulnes

D'autres nodosités courantes peuvent être aisément observées sur le terrain. Il faut les rechercher cette fois sur les racines des aulnes. Le long des berges des ruisseaux où poussent parfois encore des aulnes on peut en découvrir mises à nu par le courant d'eau. Ces nodosités se présentent sous la forme d'un amas roussâtre à brunâtre pouvant atteindre la grosseur d'un poing. Elles sont le résultat d'une symbiose avec des bactéries filamenteuses du groupe des Actinomycètes, les *Frankia*. Elles sont pour l'arbre un relais important pour l'assimilation de l'azote atmosphérique comme dans le cas des nodosités des légumineuses.

SYNTHÈSE : LA SYMBIOSE

La symbiose, mutualisme intime et équilibré entre deux organismes, aboutit à une harmonie où chacun des acteurs tire avantage des capacités de l'autre au point qu'ils deviennent inséparables. Ce mode de vie particulier est fort répandu, mais il passe souvent inaperçu parce qu'il donne un résultat que l'on peut qualifier de « parfait » écologiquement. C'est l'aboutissement à *« un équilibre des forces, puis à une coopération entre belligérants »*, comme l'écrit Jean-Marie Pelt. Plutôt que de

Les nodosités d'aulne.

tuer son hôte, la bactérie ou le champignon compose avec lui et il se crée alors une entité dont l'intérêt est manifeste au niveau du fonctionnement de divers écosystèmes. La biomasse ligneuse d'une forêt est en étroite liaison avec les champignons mycorhiziens, comme l'est d'ailleurs la biomasse d'un champ de trèfle avec les bactéries du genre *Rhizobium*. La connaissance de ces phénomènes revêt, dès lors, un intérêt économique considérable. Les regarder et les comprendre, puis éventuellement les reproduire en les améliorant, reste un des buts essentiels de la recherche agronomique. En fouillant le sol, le lecteur aura découvert des organismes discrets qui pèsent beaucoup dans la balance économique mondiale.

3 Le sol, cette terre sous nos pieds

Formation et âge des sols

Jusqu'à présent, je n'ai attiré l'attention du lecteur que sur la toute première couche du sol, celle qui affleure à la surface. À ce niveau, nous avons découvert une activité biologique intense. C'est par cette couche que se renouvellent régulièrement les réserves minérales et organiques du sol. Mais ces phénomènes de recyclage ne sont qu'une étape dans la formation d'un sol. Pour connaître mieux un sol, il nous faut prospecter ce dernier en profondeur. Au tout début de son histoire, le sol se forme à partir des roches en place. Ces dernières, balayées par les intempéries, colonisées par une flore puis une faune que l'on qualifie de « pionnières »[1], se transforment. C'est la naissance d'un sol. La roche sur laquelle reposera désormais le sol est appelée « roche-mère », ce qui indique bien les origines d'un sol.

Au début de la formation d'un sol, la roche-mère sera très influente; cette influence s'atténuera au cours du temps sans jamais disparaître, au profit de celle de la végétation sous la dépendance du climat. Cette lente formation de ce substrat qu'est le sol s'appelle la « **pédogenèse** ».

On peut, dès lors, se poser les questions suivantes : combien de temps faut-il pour faire un sol ? Quels âges ont les sols de nos régions ?

La pédogenèse est un phénomène lent qui s'étale sur des siècles et on parlera plus souvent de maturité d'un sol. Un rocher sous un lichen est un sol nouveau-né.

La maturation d'un sol peut être inhibée par l'érosion, par un faible développement du couvert végétal; le sol est alors peu profond et la roche-mère affleure. Un sol de ce type est un sol jeune. Les sols cultivés sont des sols jeunes car leur évolution est constamment interrompue par les pratiques culturales. Les sols de montagne sur des versants escarpés où l'érosion est omniprésente sont également des sols jeunes.

(1) Le terme de « pionnier » qualifie faune et flore qui viennent pour la première fois coloniser un nouveau substrat ou un nouveau biotope. Ce sont des espèces qui n'ont pas besoin de grand-chose pour vivre : on parle d'espèces frugales. Sur les roches, ce sont bien souvent des mousses et des lichens.

Exemple de sol jeune : un rocher sous un lichen constitue un sol « nouveau-né », la nature de la roche-mère est prépondérante.

Mais pour tous ces sols, le terme d'immatures convient mieux : divers facteurs externes les empêchent d'évoluer.

Pour un même climat, des sols assez uniformes peuvent se former. On considère ces sols mûrs car ils ont atteint un certain équilibre avec le climat et la végétation. Ce sont en grande partie les sols de nos forêts (l'influence de la roche-mère s'atténue considérablement). Ce sont aussi certains sols de haute montagne comme les tourbières où la matière organique s'est détruite lentement.

Palper et lire un sol (observations sur le terrain)

En sillonnant nos campagnes, il est assez aisé d'observer les sols : ornières, fossés légèrement rafraîchis à l'aide d'un couteau, talus fraîchement creusés, champs labourés, jardins bêchés permettent une bonne approche de l'observation des sols. Nous guiderons d'abord le lecteur en forêt : c'est là qu'il rencontrera des sols plus « intacts » où la main de l'homme se fait discrète et plus en concordance avec le rythme naturel. Ce sont généralement des sols mûrs dont l'évolution à l'échelle

Exemple de sol mûr: le sol a mûri, il ne dépend plus uniquement de la roche-mère. Un équilibre s'est établi avec le climat et la végétation.

humaine se stabilise et qui restent identiques d'année en année tant que les conditions environnementales ne changent pas radicalement. Ils ont atteint un certain équilibre.

Les sols forestiers

PREMIERS TESTS POUR SE FAMILIARISER: LES ORNIÈRES

Bien que la terre n'y soit pas toujours en place, les échantillons ramassés dans les ornières des chemins forestiers fournissent quelques renseignements sur la nature des sols. Il faudra cependant se méfier d'importations possibles de terres déversées là pour consolider le passage.

Couleur des sols

Les couleurs des échantillons de terre varient selon sa composition. Cette composition est elle-même fonction de la roche-mère et des divers processus de transformation qui ont eu lieu dans le sol. J'ai pour habitude, lorsque je me promène, de confectionner un catalogue coloré des sols que je rencontre. Je réalise ainsi une palette des divers sols que je foule.

Une pincée du sol humecté avec de la salive, si nécessaire, est déposée sur la page blanche d'un carnet. J'imprime alors une légère poussée circulaire avec l'index. J'obtiens une tache de la teinte du sol observé. Date et lieu de la récolte peuvent être notés le plus précisément possible. Une série de couleurs de sol pris au hasard des chemins parcourus est présentée sur cette page.

Que renseigne ce test ?

Il nous met sur la voie de la composition du sol. Ainsi :

– Un sol noir traduit une présence de matière organique.

– Inversement, un sol clair est peu riche en matière organique.

– Un sol à dominance rouille est signe de présence de fer oxydé (fer ferrique).

– Un sol bleu verdâtre traduit la présence de fer réduit (fer ferreux) provenant d'une mauvaise oxygénation du sol. Ce phénomène peut arriver quand le sol reste toujours recouvert d'eau.

– Un sol vert peut révéler la présence de glauconie, minéral du groupe des micas ; une observation à la loupe peut distinguer des cristaux sous la forme de petits grains verts.

Palette de sols.

L'importance de la couleur du sol est telle que les pédologues utilisent l'Atlas de Munsell où chaque couleur est répertoriée. La description du sol est alors précise et objective.

Nous verrons plus loin, page 46, que, lors de l'observation d'un sol en place, la couleur du sol intervient pour décrire la manière dont il s'est formé.

En étalant un échantillon de sol sur une feuille blanche, on peut noter parfois quelques détails intéressants ; en voici quelques-uns :

– La terre crisse sur le papier : le sol est riche en quartz.

– Des traces noires se marquent au sein de la couleur globale du sol : des fragments de charbon de bois ont été écrasés (vérifier leur présence avec une loupe sur un fragment de sol intact).

– De petits grains couleur rouge brique résistent sous la pression du doigt, pressés entre les ongles ils s'émiettent : ce sont des fragments de terre cuite.

Ces deux derniers détails indiquent la trace de feux, mêmes anciens, pratiqués à l'endroit observé.

Plasticité des sols

Palper un sol au niveau des ornières renseigne également sur la plasticité d'un sol.

Un sol est plus ou moins malléable suivant les proportions d'éléments fins et gros qui le composent.

Trois catégories principales d'éléments sont définies par le pédologue :

– les **argiles**, particules de taille inférieure ou égale à 2 microns (c'est-à-dire deux millièmes de millimètre) ;

– les **limons**, particules dont la taille est comprise entre 2 microns et 0,05 mm ;

– les **sables**, particules atteignant 0,05 mm à 2 mm.

Toutes ces particules, dont la taille est inférieure à 2 mm, constituent la **terre fine**. Leurs proportions relatives sont caractérisées par le test de plasticité.

Notons que le pédologue considère aussi les particules de taille supérieure qu'il appelle « graviers ».

Plus un sol contient d'éléments très fins comme l'argile, plus sa malléabilité sera grande et stable. Ce sol se modèle facilement : c'est de la terre à modeler, de la glaise. Plus un sol contient d'éléments grossiers comme le sable, moins il se modèlera. Le sol limoneux présente les aspects intermédiaires : il se modèle mais la richesse moindre en éléments très fins rend le modelage peu stable.

On pratique le test en réalisant un boudin que l'on roule entre les mains.

Que renseigne ce test ?

La proportion relative des trois éléments (argiles, limons et sables) donne la **texture du sol** : sol argileux, sol limono-argileux, sol sableux. Le pédologue détermine précisément en laboratoire les différents éléments (analyse granulométrique). Une petite expérience peut être réalisée pour comparer les textures de différents sols. Dans des tubes à essais, on dissout séparément des échantillons (une pincée) des différents sols. Puis on compare après une minute de repos : le résidu, se formant au fond des tubes, donne la proportion de sable dans chaque échantillon. On laisse reposer 24 heures. Les sols argileux gardent une solution opalescente, caractéristique de l'argile en suspension ; les limons se sont déposés au-dessus des sables.

La texture reflète la fertilité d'un sol, sa capacité à retenir l'eau, l'enracinement des plantes, le type de roche-mère, sa

La granulométrie d'un sol.
a) comparaison de trois sols : après une minute de dissolution, le sol sableux apparaît nettement dans le tube de gauche.
b) les mêmes échantillons après 24 heures de repos : les deuxième et troisième tubes montrent une charge argileuse importante toujours en suspension, le tube de droite montre de plus une charge limoneuse nette déposée au cours de la nuit.

richesse en éléments minéraux. Le simple fait de palper un sol peut ainsi renseigner sur toutes ces propriétés.

Un sol trop chargé en argile donne un sol collant, lourd, difficile à travailler, peu perméable à l'eau et à l'air, s'engorgeant donc rapidement. Les plantes qui s'y installent présentent donc une adaptation à des sols gorgés d'eau, la faune du sol sera peu exigeante en oxygène. La compacité de ce sol n'est pas propice à la présence de vers de terre, animaux fouisseurs par excellence. Un sol argileux ne laissant pas l'eau pénétrer peut être à l'origine d'inondations, ce sol n'étant pas capable d'absorber rapidement l'eau lors de fortes pluies. La densité d'un pareil sol le rend peu propice à la culture mais, en contrepartie, elle peut l'être à l'installation de pièces d'eau.

À l'opposé du sol argileux se situe le sol sableux : c'est un sol sans forme, coulant dans la main lorsqu'il est sec, léger et très perméable à l'eau et l'air. Son manque de compacité en fait un sol difficile à vivre pour les plantes qui doivent développer un système racinaire adapté permettant de s'accrocher. C'est également un sol sujet au dessèchement. Les plantes qui s'y installent doivent résister à ces conditions. C'est un sol sensible à l'érosion.

Un sol essentiellement constitué de limons n'est pas, comme on pourrait le supposer, le sol idéal. La quantité des particules fines reste trop élevée ; le sol est trop collant, il se tasse avec les pluies, il est imperméable superficiellement et donc asphyxiant pour les racines.

Sol argileux.
Il est particulièrement plastique, il colle aux doigts.

Sol sableux.
Il ne possède aucune structure ; à sec, il coule entre les mains.

Sol limoneux.
Il possède une certaine plasticité mais se fragmente plus facilement.

Le sol idéal comporte des proportions équilibrées entre les trois éléments granulométriques : assez de sables pour qu'air et eau circulent tranquillement, assez de limons pour qu'il ait une certaine tenue, assez d'argiles pour qu'eau et air ne fassent pas que passer et que des échanges importants puissent se faire.

À cette texture équilibrée, il faut ajouter la présence de matière organique dont le rôle est similaire à l'argile.

L'argile est un colloïde

On ne croit pas si bien dire lorsque, se promenant sur terrain argileux, on s'écrie : « Que la terre est collante ici ! » L'argile forme avec l'eau une sorte de colle, mélange translucide à l'inverse de ce que ferait du sel qui, lui, est un cristal et qui forme une solution vraie, donc limpide. L'argile, lui, forme une solution colloïdale. Le lait, lui aussi, est une solution colloïdale. Dans une solution vraie, les particules dissoutes sont extrêmement petites et, à la lumière, elles passent inaperçues (elles ne diffractent pas la lumière) ; ce sont des cristaux. Les particules d'argile « dissoutes » dans l'eau restent relativement grandes et, à la lumière, elles se voient très nettement (elles diffractent la lumière). Ces particules sont des **micelles colloïdales** ; on dit qu'elles se dispersent dans l'eau et non qu'elles s'y dissolvent. Le terme de **suspension colloïdale**, souvent utilisé pour désigner le mélange eau-colloïde, est encore plus évocateur du phénomène. Les particules de matière organique formant l'humus sont elles aussi des colloïdes, comme certains oxydes de fer et d'alumine. Toute la richesse d'un sol est tributaire de ces micelles colloïdales, petites particules de l'ordre du micron qui vont donner au sol ses lettres de noblesse. En effet, la propriété de ces micelles est d'être chargées électriquement : les micelles d'argile et d'humus sont électronégatives, c'est-à-dire entourées d'une couche dense de charges négatives. Ces charges négatives vont attirer des éléments à charges positives (hydrogène, calcium, sodium, potassium, ammonium et oligo-éléments) ; on dit qu'argile et humus ont un **pouvoir adsorbant**. Celui-ci peut être mesuré (c'est la **capacité totale d'échange d'un sol**), ainsi que les éléments susceptibles d'être adsorbés par les plantes (ce sont les **bases échangeables**).
Autrement dit : lorsque l'eau pénètre dans le sol, argile et humus agissent comme des éponges à éléments ; la quantité totale de ces éléments est la

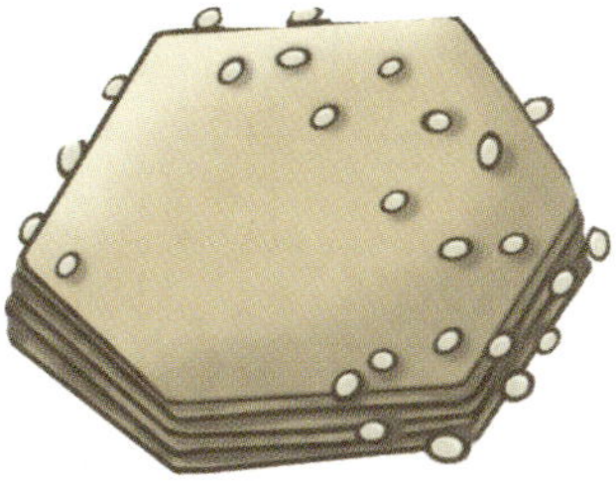

Représentation de l'argile (d'après Soltner).
Une micelle d'argile formée de nombreux feuillets, eux-mêmes constitués d'alumine et de silice, disposées en couches.
Les petits cercles représentent les éléments minéraux adsorbés.

capacité totale d'échange. Ces éponges à bioéléments sont appelées **«complexes argilo-humiques»**. Les plantes peuvent, par leurs racines, pomper une partie de ces éléments mis à leur disposition, ce sont les bases échangeables.

L'argile retient aussi l'eau et détermine ainsi les variations saisonnières en eau d'un sol. ■

L'origine de l'argile

Les argiles proviennent de l'altération des roches à minéraux silicatés (micas et feldspath, par exemple). Au microscope électronique, les argiles se présentent sous forme de feuillets plus ou moins hexagonaux. Du point de vue chimique, les feuillets de base sont constitués de silice ou d'alumine. Ces feuillets se présentent sous formes hexagonales et sont chargés négativement. Dissous dans l'eau, ils vont se repousser les uns les autres; la solution qui en résulte reste donc trouble. On distingue trois types: la kaolinite, la montmorillonite et l'illite. Leur différence réside dans le nombre de charges négatives. Elles sont les plus nombreuses pour la

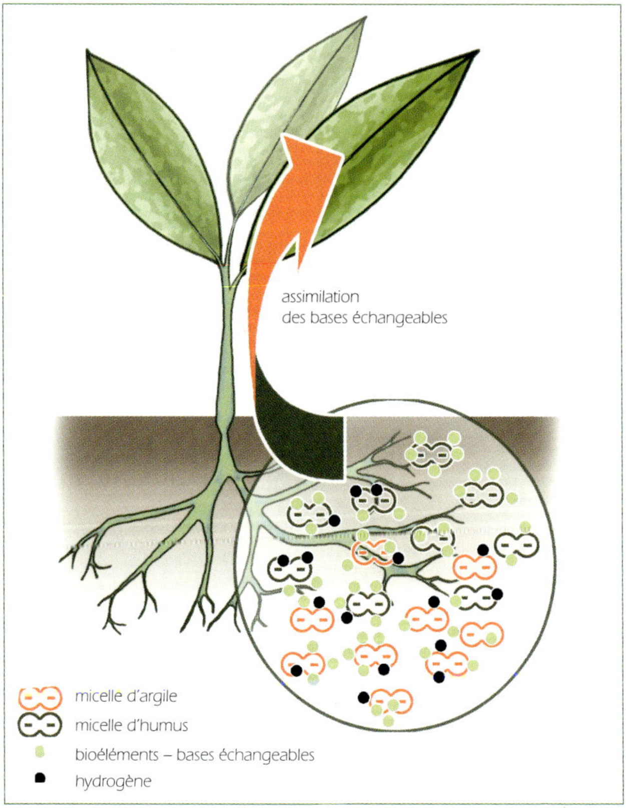

L'action des colloïdes dans le sol. Les micelles d'argile et de matière organique chargées négativement agissent comme des éponges à bioéléments et fournissent ainsi à la plante son alimentation minérale.

montmorillonite. Ces charges négatives vont attirer les charges positives des éléments minéraux tels le potassium, le sodium, le calcium, les polyéléments mais aussi les oligoéléments comme le fer et bien d'autres. Ce sont ces éléments qui donneront la fertilité d'un sol. Au niveau de la fertilité, c'est donc la montmorillionite qui est la meilleure argile. Dans les sols, on retrouve un mélange des trois argiles; leur pourcentage respectif varie suivant le type de sol. ■

OBSERVATION DES SOLS EN PLACE

Le promeneur pourra étoffer ses connaissances par l'observation d'un sol en place. Le pédologue parle alors de **profil de sol**. C'est une coupe verticale pratiquée au niveau du sol dans une station. On peut alors observer la superposition de différentes couches, les **horizons**, et en conclure quant à la pédogenèse de la station. Observer un talus fraîchement nettoyé de sa végétation le long d'une route de forêt est un excellent moyen de s'initier à l'étude d'un profil. Les documents photographiques réalisés dans cet ouvrage l'ont été pour la plupart au départ de talus rencontrés lors de diverses sorties. Ils ont été légèrement rafraîchis à l'aide d'un couteau pour distinguer clairement les différents horizons.

Profil de sol le long d'une route.
Les variations de coloration permettent de distinguer plusieurs horizons.

Lecture d'un sol

La lecture d'un sol se fait horizon par horizon depuis la surface. Les horizons sont différenciés, au départ, par leur couleur. Voici quelques observations qui permettent de caractériser rapidement un sol en place ; certaines ont déjà été effectuées dans les ornières.

Couleur des horizons

On notera, horizon par horizon, la couleur du sol :

– la couleur noirâtre est signe d'une charge en matière organique ;

– un horizon plus clair peut être l'indice d'un départ d'éléments vers des horizons plus profonds (lessivage).

Texture des horizons

On estimera la texture de chaque horizon par sa malléabilité et on pourra ainsi en déduire la charge respective en argiles, limons et sables.

Structure des horizons

Dans un sol en place, on peut également tester les différents horizons au niveau de leur compacité. À cet effet, on introduit la lame d'un couteau dans chaque horizon ; on apprécie alors la réaction plus ou moins souple du substrat. Ce test donne la compaction du matériau en place. Cette compaction apprécie la **structure d'un sol**. La structure renseigne sur la manière dont les constituants (argiles, limons et sables) sont assemblés. On appréciera encore mieux la structure en prélevant une poignée de chaque horizon. La poignée brisée naturellement va se fragmenter différemment, suivant la structure (voir photos ci-contre et page 48) :

– en blocs compacts, pour une structure dite « **compacte** » ;

– en grumeaux, pour une structure dite « **fragmentaire** » ; les grumeaux appelés « agrégats » peuvent être à angles vifs ou encore arrondis (à voir à la loupe) ;

– en particules éparses dans le cas d'absence totale de structure ; on parle alors de structure « **particulaire** ». C'est le cas du sable, de la cendre.

Que signifie, du point de vue écologique, chaque structure ?

• Une structure compacte reflète un horizon asphyxiant, l'eau y est retenue de manière excessive. Un tel horizon est défavorable à une activité biologique intense ainsi qu'à la pénétration des racines.

Structure compacte

Structure fragmentaire

Structure grumeleuse

- Une structure fragmentaire reflète un équilibre du sol. L'eau circule favorablement sans excès ; elle reste à la disposition des plantes sans jamais les submerger.

On peut distinguer à la loupe deux variantes principales :
– une structure fragmentaire où les agrégats sont arrondis : la structure est dite « **grumeleuse** » ; c'est la meilleure des structures, elle traduit une activité biologique intense. Ces agrégats sont en fait des résidus coprogènes, c'est-à-dire les déjections de la pédofaune mêlées à la partie minérale du sol ;
– une structure fragmentaire où les agrégats sont **angulaires** ; ils traduisent un retrait des colloïdes et, de ce fait, la rupture des mottes plus grosses.

- Une structure particulaire indique un horizon filtrant, retenant très peu l'eau.

Le spécialiste distingue encore de nombreuses autres structures lui donnant des indices sur l'état du sol. On se référera utilement au chapitre des sols travaillés pour lesquels la connaissance de la structure est primordiale.

Structure particulaire

Enracinement

Lors de l'observation des profils, on notera avec précision le degré et le mode d'enracinement dans chaque couche détectée. Les racines importantes dans les couches d'humus se prolongent dans les horizons inférieurs en fonction des facteurs du milieu ambiant. Les abords des racines constituent un milieu privilégié d'échanges intenses entre le sol et les plantes, échanges qui ont lieu grâce à une faune et une flore typiques. Racines, flore et faune gravitant dans les parages immédiats constituent, rappelons-le, la rhizosphère.

Mesure de l'acidité de sol : le pH

Si l'on dispose d'un pH-mètre, petit appareil qui sert à mesurer l'acidité du sol et que l'on trouve maintenant dans certaines jardineries, on pourra déterminer pour chaque horizon son pH. Ce dernier renseigne sur la richesse en éléments minéraux du sol. Un pH faible dont la valeur est inférieure à 7, c'est-à-dire acide, reflète une certaine pauvreté en éléments biogènes. *A contrario*, un pH élevé (valeur supérieure ou égale à 7) traduit une richesse en éléments biogènes. Comparant le pH, horizon par horizon, on pourra se rendre compte d'un appauvrissement ou d'un enrichissement éventuels suivant la profondeur.

Les sols forestiers de nos régions : profil type

Dans les forêts tempérées caducifoliées dont font partie la majorité de nos forêts se développent des sols dits « sols bruns forestiers ». Ce sont des sols où l'activité biologique est bonne et où le recyclage des éléments organiques et minéraux se fait aisément. On a donc généralement un humus du type mull.

Sur le terrain, on distingue aisément :

Profil type de sol.

• Un **horizon** noirâtre dénommé **A1**, mélange de matière organique et minérale;

• Un **horizon** dénommé **A2**, de couleur brune à structure grumeleuse dit « horizon de lessivage » ;

• Un **horizon** dénommé **B**, plus coloré que la couche supérieure, plus argileux, à structure compacte, dit « horizon d'accumulation ».

On distingue parfois un **horizon A0**, formé de la litière et de la matière organique en décomposition, horizon plus ou moins important suivant le type d'humus.

La roche-mère forme l'horizon dénommé C.

Plus l'on se déplace vers l'ouest, vers un climat où l'influence atlantique prédomine, mieux les horizons A2 et B se discernent. Le lessivage des argiles s'est accentué. On parle alors de sols bruns lessivés. Ce sont d'excellents sols propices à la culture. Ces sols sont en quelque sorte victimes de leur qualité. Beaucoup de forêts poussant sur ces sols sont défrichées. Leur capacité à recycler rapidement les éléments nécessaires à la végétation en fait des sols fragiles du point de vue écologique (mise en jeu d'une **pédofaune** et d'une **pédoflore** très équilibrées et très adaptées au milieu mais d'une très grande sensibilité aux agents extérieurs, notamment ceux liés à l'activité humaine: désherbants, fongicides, insecticides, etc.).

Le lessivage normal peut, par exemple, s'accentuer pour diverses causes (défrichages, coupes trop fréquentes ne respectant pas les rythmes de la nature, incendies, modifications des essences forestières). Un phénomène important apparaît alors: c'est la **podzolisation** (voir ci-contre). Ce phénomène est un lessivage outrancier des argiles et de l'humus dans les couches plus profondes. Les argiles sont dégradées par l'action des diverses substances. Le phénomène entraîne un appauvrissement des sols (diminution des bases échangeables). Dans ce type de sol très facilement repérable même pour le néophyte, on observe des horizons d'accumulation très colorés (voir podzols, page 65).

Les sols travaillés

Comme pour les sols forestiers, toute une série d'observations peut être réalisée sur les sols travaillés, tels les sols des champs, des jardins ou des prairies herbagères. Ces sols sont, par le fait d'une action quasi constante de l'homme et de ses pratiques culturales, des sols jeunes pour lesquels la pédoge-

Podzolisation dans le sol sableux. Le complexe argilohumique est défectueux : l'horizon A0 devient gris cendreux et les matières organiques (noirâtres) migrent en profondeur.

nèse est périodiquement modifiée, voire interrompue. Aux facteurs climatiques et géologiques locaux s'ajoutent donc divers facteurs anthropiques. L'interruption de la pédogenèse par le labour, le broutage ou la récolte de la production supprime ou réduit une matière importante de la constitution du sol : la matière organique. En forêt, cette dernière retourne régulièrement au sol par l'intermédiaire de la litière. Dans une pâture, la litière est constituée en majeure partie par le système racinaire des végétaux qui meurt et est renouvelé périodiquement.

À cet apport organique s'ajoute également une partie des organes aériens des graminées et autres plantes herbacées (mulch). Mais sur une prairie pâturée, il faudra surtout prendre en compte un apport de purin et de lisier provenant du bétail. Dans un champ labouré, le système souterrain des plantes peut constituer un apport, s'il n'est pas arraché. Il faudra, dans tous les cas, tenir compte de la nécessité d'un apport de matière organique lors de l'exploitation de ces écosystèmes agricoles.

L'observation des sols forestiers a permis d'imaginer un peu la formation d'un sol, de comprendre qu'un sol n'est pas un substrat inerte mais au contraire en transformation constante. L'observation des sols travaillés se limite à la partie supérieure du profil, c'est-à-dire le profil cultural, celui qui subit régulièrement des remaniements. C'est cette partie qui intéresse en premier chef l'agriculteur et l'horticulteur. Nous nous attacherons ici à caractériser grossièrement un sol cultural uniquement dans le but de mieux comprendre son équilibre ou déséquilibre écologique.

APPRÉCIER LE SOL DANS UN CHAMP, DANS UN JARDIN

Observer un champ fraîchement labouré, un jardin fraîchement bêché

Un simple geste permet de déduire la texture d'un sol. Le premier réflexe, comme pour les sols forestiers, est de palper le sol et d'en déduire les proportions entre les trois éléments granulométriques : argiles, sables, limons. La couleur du sol peut renseigner utilement sur la charge en divers éléments. Pour ces deux caractéristiques, je renvoie le lecteur aux pages 38 à 43.

Une autre caractéristique importante peut être observée : c'est la structure. Son importance au niveau de la fertilité

Sol de jardin. À l'occasion du creusement d'un trou, il est possible d'observer les structures et les couleurs d'un sol. Dans le cas présent : terre noirâtre à structure grumeleuse appartenant à l'horizon supérieur (en arrière-plan) ; brunâtre-roussâtre à structure grumeleuse pour le tas situé plus à droite ; et enfin, à l'avant-plan gauche, couleur plus pâle à structure plus compacte.

Sol de champ. Le sol constamment remanié est un sol jeune. On notera la structure après labour : gros agrégats et aussi tassement des mottes dû aux engins.

Sol de jardin. Le profil de ce sol est très simplifié. Il est possible néanmoins d'observer l'excellente incorporation de matière organique qui se prolonge assez régulièrement et profondément (30 à 40 cm). Cette matière organique provient exclusivement des racines des graminées et des plantes herbacées constituant le gazon.

d'un sol est évidente. Elle représente la compacité du sol que nous avons déjà sommairement estimée en observant un profil forestier à la faveur d'un talus (voir p. 46).

La structure du sol peut s'apprécier le mieux si le sol labouré ou bêché s'est desséché un peu (un jour ou deux).

Plusieurs situations sont envisageables :

• La motte de terre s'émiette facilement : il en résulte des agrégats plus petits, les agrégats plus ou moins gros peuvent être longs, sphériques ou anguleux. La structure est fragmentaire. La meilleure étant celle présentant des fragments ronds (aspect grumeleux). Elle reflète une bonne activité biologique. La microfaune et la microflore « travaillent » la terre en l'absorbant, la digèrent, l'agglutinent, réalisent ainsi un substrat où l'air et l'eau circulent. On dit que ce substrat est formé de résidus coprogènes (littéralement issus d'excréments). Ces sols sont faciles à travailler et propices à la culture.

• La motte de terre s'émiette difficilement : elle est compacte, les agrégats plus grands donnent un sol plus compact (structure compacte) ; le sol laisse peu passer l'air et l'eau, il reflète souvent une mauvaise activité biologique.

• Il n'y a pas de motte de terre : le sol n'a en fait pas de structure. La structure est particulaire. Cette structure peut donner un sol perméable, les éléments du sol sont alors généralement de grande taille. C'est le cas de sols sableux. L'eau est entraînée avec sa charge d'éléments minéraux.

Observer les champs après une forte pluie

Dans les champs, on peut observer des **croûtes de battance**. Ce phénomène apparaît sur des sols limoneux dont la

Croûte de battance dans un champ et sa structure en feuillets caractéristique.

structure fragmentaire en forme de feuillets apparaît clairement. Le ruissellement de l'eau amène une fine couche d'argile à la surface et il se forme des écailles. Le sol devient imperméable, les éléments fins se soudent entre eux, les gouttes de pluie ne pénètrent plus dans le sol et on observe, après la pluie, des flaques d'eau à ces endroits de battance.

Observer le sol en désherbant

On peut se rendre compte de l'action des racines, plus précisément de la rhizosphère, sur la structure lorsque l'on désherbe. Examinez la masse de terre se trouvant emprisonnée dans les racines, secouez-la : elle s'élimine facilement. La structure est souvent grumeleuse. Elle reflète l'intense activité des micro-organismes du sol (pédofaune et pédoflore),

Rhizosphère lors du désherbage et structure grumeleuse caractéristique.

ainsi que des conditions idéales pour l'obtention d'une structure favorable. Aux abords des racines, l'activité biologique est intense du fait du mutualisme entre pédofaune, pédoflore et racines elles-mêmes. Ces dernières agissent favorablement sur les micro-organismes (exsudats racinaires stimulants) ; elles aèrent le sol, l'enrichissent en matière organique par apport de racines mortes ; cette matière organique soude les particules du sol en formant des petits agrégats. C'est au niveau de la rhizosphère des prairies que l'on constate une structure optimale. La pratique de la jachère utilise cette propriété et permet de reconstituer une structure qui s'est détériorée au fil des cultures.

EXAMINER UN PROFIL SOUS PRAIRIE

L'examen d'un profil sous prairie peut se faire à la faveur d'un talus, d'un drainage, d'une berge. Il permet de vérifier que la structure est grumeleuse dans les 10 à 15 premiers centimètres du profil. La structure devient généralement plus compacte vers le bas du profil, d'où l'intérêt de ne pas retourner trop profondément lors d'un bêchage éventuel.

Profil sous prairie observé dans un talus bordant un ruisseau : la partie supérieure plus noirâtre correspond à l'enracinement de la strate herbacée.

La structure est-elle stable ?

La structure d'un sol est un état ponctuel. Les conditions climatiques peuvent influencer la structure. On peut observer le passage d'une structure à une autre. En retournant la terre de votre jardin potager, vous constatez une structure grumeleuse favorable à la croissance de vos légumes. Après bêchage, vos travaux de jardinage sont interrompus par quelques jours de pluie. Retournant au jardin après ces jours maussades, vous constatez une terre compacte. La structure de votre sol n'est pas stable et n'a pas supporté les pluies. On dit que votre sol est battant ; une période sèche entraînera dans ce sol des fissurations nettes dans la croûte supérieure qui s'est formée. Tout l'art de l'agriculteur réside dans les remèdes à apporter à ces instabilités culturales (apport en matière organique ou travail judicieux de la terre). Le piétinement par les hommes, par les animaux, le poids d'un engin agricole peuvent provoquer un changement de structure, de même qu'un bêchage intensif peut être néfaste. Le phénomène est réversible. ■

Argile floculée, argile dispersée

La structure est aussi le reflet d'un état encore plus intime du sol, lié directement à son état physico-chimique.
Faisons une petite expérience. Prenons deux tubes de verre ; dans chacun, mettons une même quantité d'argile ; ajoutons de l'eau déminéralisée (eau de fer à repasser) et dissolvons l'argile de chacun des tubes. Les micelles d'argile sont chargées négativement et se repoussent ; les solutions sont troubles.
Dans un des tubes, ajoutons quelques gouttes de vinaigre ou de citron. Après une dizaine de minutes, on constate que, au fond du tube où l'on a rajouté les quelques gouttes de vinaigre ou de citron, de petits

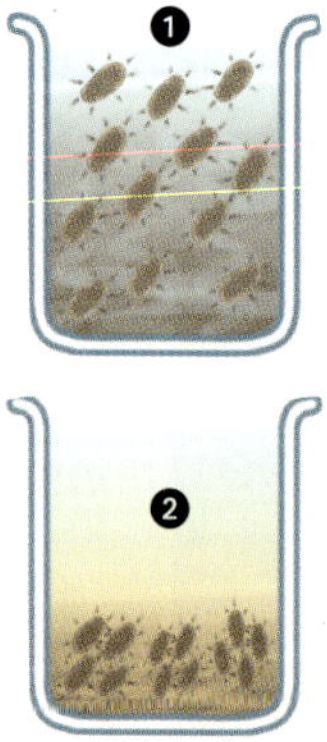

Dans le récipient 1, l'argile est dispersée ; dans le récipient 2, les charges négatives d'argile sont neutralisées par les charges positives du vinaigre ; l'argile flocule en agrégats.

Expérience de floculation.
Dans le tube de gauche, de la terre dispersée dans de l'eau déminéralisée ; dans le tube de droite, on a rajouté quelques gouttes de vinaigre : les micelles d'argile s'agglutinent au fond du tube, elles floculent.

flocons apparaissent ; on dit que l'argile a floculé. Vinaigre et citron sont des acides : ils possèdent des charges positives. Ces charges vont attirer les charges de signe inverse des micelles d'argile et former de petits grumeaux. Dans l'autre tube, la solution reste trouble : on dit que l'argile est dispersée.
Sur le terrain, le même phénomène se passe. En se décomposant, les débris végétaux vont libérer des acides, les acides humiques. En leur présence, les micelles d'argile et aussi de matière organique vont floculer et former de petits grumeaux qui donnent la structure caractéristique d'un bon sol. Argile et humus forment alors un ensemble que le pédologue nomme « complexe argilo-humique ». ■

EXAMINER LES TAUPINIÈRES

Elles permettent de constater, une fois encore, l'effet bénéfique de la rhizosphère des plantes herbacées. La terre rejetée par les taupes et émiettée par ces dernières provient de la partie proche de la surface. Sa structure est typiquement fragmentaire à grumeaux (le spécialiste parle de structure grumeleuse).

Taupinière. On notera l'aspect grumeleux de la terre fraîchement travaillée par la taupe.

Quelques sols typiques de nos régions

La classification des sols est affaire de spécialistes. Dans ce guide, il serait présomptueux de l'aborder. Mais j'aimerais néanmoins attirer l'attention du lecteur sur des sols au profil typique que le hasard des promenades pourrait lui faire découvrir. Nous avons vu que le sol brun est le principal sol de nos forêts. C'est un sol mature, qui s'est façonné sous le climat tempéré humide et qui couvre de vastes étendues de nos contrées.

Sol brun forestier à humus de type moder.

En région méditerranéenne, le climat chaud et sec déterminera un autre type de sol : le sol rouge. La coloration rouge est due aux sels de fer formés à cause du climat. Ce sont des sols très anciens dont l'origine est la *terra rossa*, argile de décalcification caractéristique des climats chauds avec saison sèche.

En montagne, le climat variant selon l'altitude déterminera d'autres sols. On découvrira des sols de haute montagne. Ces sols sont souvent gelés, ce qui entrave l'activité biologique de décomposition. La matière organique provenant des plantes s'accumule. On observe des sols formés d'une couche de matière organique reposant sur la roche-mère.

Sol rouge méditerranéen. (Photo Jacques Herbauts)

Sol de haute montagne. Cette vue sous herbages d'altitude montre les rigueurs climatiques auxquelles est soumis ce type de sol (érosion par avalanche, basse température notamment).

Sols bruns, sols méditerranéens et sols de haute montagne sont des sols vus sous l'angle du climat général. C'est une vue à petite échelle, sur une carte routière englobant un large territoire. Ces sols sont qualifiés de « sols climax » en parfait équilibre avec la végétation naturelle du lieu.

Mais nos promenades peuvent nous mener dans des coins où les conditions stationnelles varient de telle sorte que l'évolution des sols sera différente. Ce sont des sols vus sous l'angle des conditions locales du lieu que l'on explore. C'est une vue à grande échelle sur une carte d'état major (1/25000e, par exemple).

Pour satisfaire la curiosité du lecteur, quelques-uns de ces sols seront décrits succinctement dans les pages qui suivent.

Mais avant tout, que le lecteur s'imprègne d'une notion élémentaire : un sol, quel qu'il soit, est en constante évolution ; c'est un écosystème en soit. Les conditions du milieu, générales et locales, s'inscrivent dans un sol. Un sol constitue le reflet des conditions écologiques du lieu visité ; il peut aussi refléter la mémoire de ces conditions. À chacun d'interpréter au mieux ce qu'il voit, de mener son enquête, de découvrir des indices, d'en savoir d'avantage sur le sol en présence. Ainsi pourra-t-on le situer en tant que biotope.

DESCRIPTIONS

• Rendzines

Ces sols se rencontrent sur roche-mère calcaire, là où la végétation est généralement peu abondante. Ce sont des sols peu profonds, dits « squelettiques ». Ils ne possèdent pas de véritables horizons. L'horizon humifère repose sur la roche-mère friable qui affleure. Ils sont donc peu évolués, au même titre que les sol cultivés, la végétation peu dense ne fournissant pas suffisamment de matière organique.

Le test clé pour détecter une rendzine est le test HCl : quelques gouttes d'acide dilué posé sur un échantillon de la couche supérieure du sol produisent l'effervescence du calcium présent.

Les rendzines peuvent évoluer avec le temps (humidité du climat) vers des sols bruns calcaires et bruns calciques correspondant à la perte progressive du calcaire actif (c'est-à-dire effervescent) dans le profil. Les rendzines se retrouvent sur les sous-sols à calcaire tendre ou sur marne.

Rendzine. Un sol riche directement sur la roche calcaire.

• **Rankers**

Ces sols apparaissent sur des roches siliceuses, dans des pentes abruptes. Ils se retrouvent dans les vallées encaissées et sur les pentes montagneuses. Formés d'un seul horizon, ce sont des sols peu évolués dont la pédogenèse est entravée par l'érosion (pente et/ou climat). L'horizon humifère repose sur la roche dure sous-jacente. Le pédologue distingue plusieurs types de rankers. Nous retiendrons le ranker d'érosion – facile

Ranker de pente dans une vallée ardennaise. Au détour d'un chemin escarpé apparaît à droite un talus sous bruyères mettant à jour ce type de sols

à reconnaître (une couche d'humus sur la roche-mère siliceuse) et dont la formation dépend de la pente ; on le retrouve notamment dans les vallées encaissées ardennaises – et le ranker alpin, que l'on rencontre en haute altitude.

• **Sols à gley, pseudogley et stagnogley**

Ces sols sont qualifiés d'« hydromorphes » : ils sont constamment ou temporairement saturés d'eau.

Les gleys apparaissent dans des endroits où la nappe phréatique affleure en période humide (marécages, fonds de vallées, etc.). Les oscillations du niveau d'eau dans les sols argileux se marquent par des teintes verdâtres, reflet de la réduction des sels de fer. En chimie, on parle de réduction lorsqu'il y a manque d'oxygène (c'est l'inverse de l'oxydation) ; dans le cas des sels de fer, ceux-ci passent à l'état ferreux (verdâtre). Vers la surface, on observe une coloration rouille due à l'oxydation du fer.

Les pseudogleys sont formés par les eaux de pluie dont l'infiltration est gênée par l'imperméabilité du sol. Il y a alors formation d'une nappe d'eau temporaire.

Sol gleyifié. À la faveur d'un canal de drainage en contrebas de tourbières apparaît un sol gleyifié. La couleur rouille à la limite du niveau d'eau indique la présence de fer ferrique; sous l'eau apparaît une coloration d'un gris verdâtre, indication de fer ferreux.

Les stagnogleys se forment lorsque cette nappe d'eau persiste; ces sols se rencontrent sous climat montagnard.

Ces types de sols se retrouvent dans tout endroit où la circulation en eau dans le profil est entravée.

• **Podzols** (du russe qui veut dire « cendreux »)

Ces sols sont caractéristiques des climats froids où les pluies sont abondantes. Ils sont répandus dans les régions nordiques et typiques des forêts de conifères. L'humus qui caractérise ces sols est un mor. Quand il pleut, de cet humus s'écoule des acides organiques qui décomposent les argiles sous-jacentes et entraînent en profondeur des complexes colorés qui forment un horizon d'accumulation. L'horizon des argiles est décoloré et prend la couleur cendre. C'est un horizon de lessivage. Dans nos plaines, on rencontre des podzols lorsque le lessivage s'accentue dans les sols bruns lessivés. Cette accentuation du lessivage est souvent due à des pratiques sylvicoles (coupes répétées, feux ou changement

Podzol avec l'horizon cendreux typique sous la couche d'humus, puis l'horizon noir d'accumulation de la matière organique, et enfin l'horizon rouille d'accumulation de fer ferrique.

radical de végétation). On parle alors de podzolisation. Le podzol est le sol typique des landes à bruyères. En climat froid, le podzol est un sol climax : ce ne sont plus les conditions stationnelles qui déterminent sa formation mais le climat général. C'est le cas du podzol de haute montagne.

• **Sols tourbeux**

Lorsque l'accumulation de débris végétaux augmente fortement et que les conditions sont telles que l'air vient à manquer ou bien que l'acidité du lieu est trop forte, les organismes décomposeurs n'arrivent plus à recycler rapidement la matière. Il y a un ralentissement du *turnover* et les débris organiques mal décomposés s'accumulent. Ils forment une couche de tourbe pouvant atteindre plusieurs dizaines de mètres. On parle alors de stagnation du cycle du carbone. La tourbe peut être un véritable document paléontologique qui renseigne sur l'histoire des forêts de la région environnante. En effet, les conditions du milieu « tourbe » favorisent la conservation des grains de pollen au cours des temps géologiques durant lesquels les couches de litière se sont accumulées en emprisonnant, à chaque saison de pollinisation, le pollen des espèces ligneuses présentes. Les couches de tourbe peuvent être datées ; les grains de pollen permettent de déterminer l'essence forestière, leur nombre, l'abondance de cette dernière et ainsi les paysages reconstitués de diverses époques géologiques. Les diagrammes présentant la quantité des différents pollens en fonction de la profondeur de tourbe constituent des spectres palynologiques.

Il existe des tourbes dites « eutrophes » et des tourbes acides ou « oligotrophes », suivant qu'elles se développent sur milieu riche ou pauvre.

Les tourbes eutrophes se forment sur milieu riche dans des sites marécageux. Elles sont à l'origine de tourbières basses qui se forment par envahissement du marais par divers végétaux puis des mousses.

Sol tourbeux.

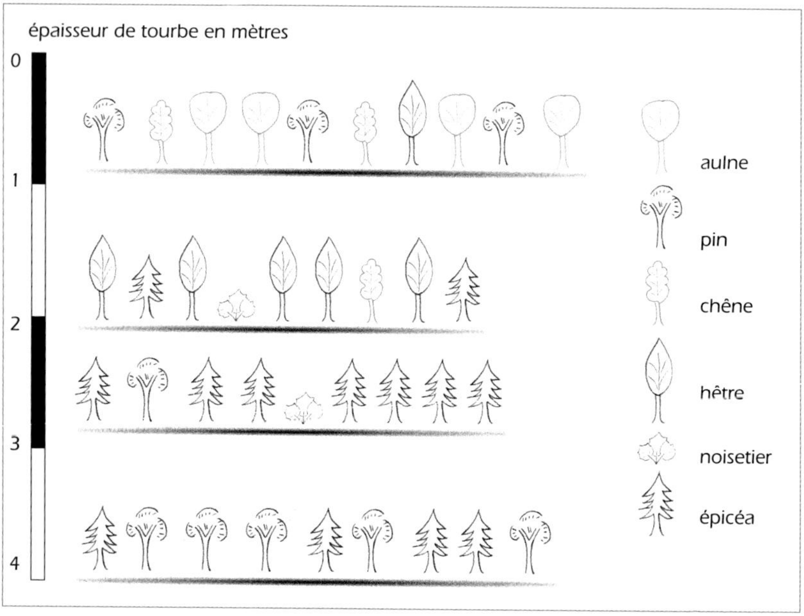

Exemple de reconstitution schématique de succession dans le temps de paysages à partir de diagrammes polliniques d'une tourbière (5 à 10 cm de tourbe correspond à un siècle).

Les tourbières acides sont formées par l'accumulation de sphaignes, plantes proches des mousses et vivant exclusivement en milieux acides et qui ont la faculté de retenir une quantité considérable d'eau. Elles forment un type de marécage singulier: les tourbières bombées, ou hautes tourbières, ou encore tourbières ombrogènes. Ces tourbières se développent en climat humide. On découvrira de nombreuses tourbières bombées en montagne mais aussi dans des régions à climat local très humide.

• **Sols littoraux salés**

Au niveau des estuaires se forment des substrats appelés « vasières », que l'on peut assimiler à des sols puisqu'ils constituent le support de la végétation. Ils sont formés par l'apport de l'argile des fleuves. Cette argile en contact avec l'eau de mer flocule et forme des dépôts. C'est le point de départ d'un substrat sur lequel prendra naissance une végétation typique. Dans les lieux exploités des ports, les vasières sont régulièrement draguées pour permettre la circulation maritime. Le promeneur trouvera dans des lieux plus à l'abri de l'activité humaine des sols vaseux caractéristiques. Ils sont de deux types, désignés par des termes empruntés au flamand : les **slikkes**, constitués de vase mouvante et non consolidée recouverte par toutes les marées, et les **schorres**, qui sont formées de vase stabilisée et qui ne sont recouvertes que par les marées des eaux vives.

La végétation de ces sols particuliers est caractéristique. Les slikkes sont envahies notamment par les salicornes. Ce type de sol se retrouve dans le Nord, en Vendée mais aussi sur le littoral méditerranéen où les prairies à salicornes portent le nom de **sansouires**.

Les schorres forment les prés salés des bords de mer.

Les sols des dunes sont des sols dont l'évolution est entravée surtout par l'influence constante des vents venant du large. Leur structure est inexistante (particulaire) et le profil est réduit sans horizons bien distincts. Vers l'intérieur du pays, on peut voir l'évolution de ces sols soumis à des vents moins violents alimentés et fixés par la végétation.

Sols salés. À l'arrière-plan, slikkes à Spartina. À l'avant-plan, schorre à Plantain et à Armeria. On remarquera le sable apporté par les marées.

DÉCOUVRIR DIFFÉRENTS TYPES DE SOLS

Dans ce guide de découverte, il serait vain de vouloir situer précisément les sols décrits. Mais où aura-t-on la chance de découvrir tel ou tel type de sol ? dans quelles conditions ? Quels sont les indices révélateurs sur le terrain ? Le tableau récapitulatif suivant vous met sur des voies possibles.

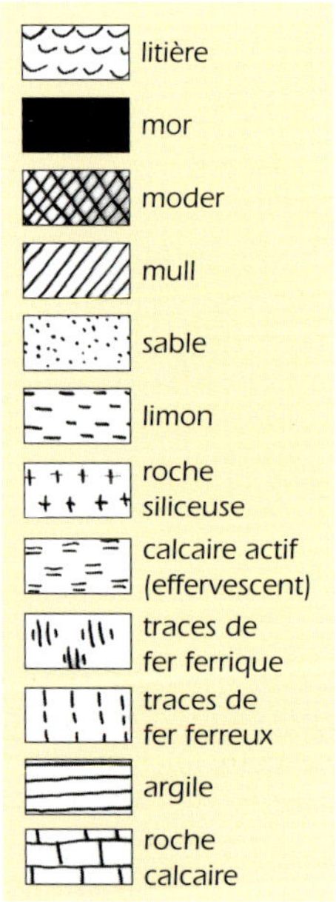

Sols	Situation géographique ou nature de la roche-mère	Conditions de formation
Rendzine	Roche-mère calcaire	Présence de calcaire actif dans l'horizon supérieur
Ranker	Roche-mère siliceuse	Pente ou température empêchant la pédogenèse
Gley	De la plaine à la montagne, dans les vallées et les fonds	Stagnation de l'eau (mauvaise circulation d'eau)
Podzol	De la plaine à la montagne	Pluies abondantes ou climat froid, activités humaines intensives
Sol tourbeux	De la plaine à la montagne, dans les zones marécageuses	Accumulation de débris, végétaux non décomposés, climat local froid et très humide
Sol salés	Régions littorales	Recouvrement du sol par la mer

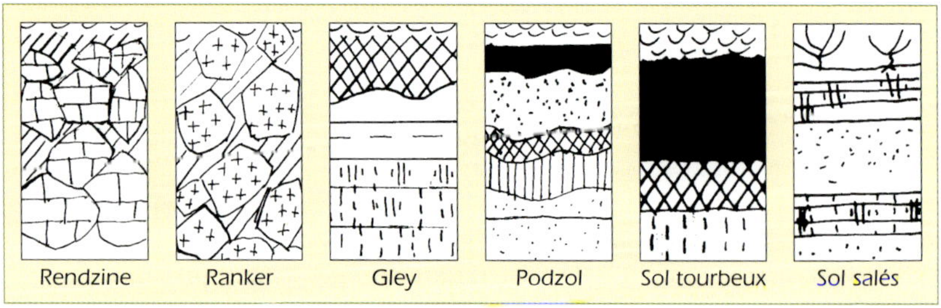

Découvrir les différents sols : profils schématisés.

On consultera utilement le chapitre 4 où l'on retrouvera quelques plantes qui, par leur présence, indiquent la nature du sol sur lequel elles croissent.

Les organismes du sol : bloc-notes pour les détecter et les reconnaître sur le terrain

L'observation des êtres vivants qu'abrite le sol révèle assurément un monde méconnu du profane. C'est un foisonnement d'êtres étranges qu'il découvrira. Pour les plus petits d'entre eux, les techniques microscopiques actuelles (notamment le microscope à balayage) ont permis la réalisation de photographies étonnantes révélant au grand public toute la beauté et la complexité de ce monde discret. Le promeneur pourra l'approcher avec des moyens, certes, plus modestes. Il aura le bonheur de découvrir, en activité, ces organismes qui sont sans conteste à la base du fonctionnement harmonieux de nos écosystèmes. Les organismes du sol sont souvent divisés en deux grands groupes : la pédofaune englobant tous les animaux et la pédoflore comprenant les bactéries, les algues et les champignons. La pédofaune et la pédoflore sont affaire de spécialistes. La détermination des organismes, la connaissance de leurs rôles dans le sol sont l'aboutissement d'années de patientes recherches toujours en cours. Ce petit guide a pour vocation d'attirer l'attention sur cet écosystème méconnu, de provoquer chez le lecteur le plaisir de connaître un monde discret, mais en aucun cas il ne peut donner un catalogue exhaustif des organismes. J'ai donc fait un choix en essayant de décrire, avec souvent des croquis pris sur le vif, un éventail le plus large possible des organismes que l'on aura des chances de découvrir en observant le sol. Leur forme générale avec leurs principales caractéristiques, leur écologie, leur rôle dans le sol seront décrits. Il ne sera cependant pas abordé ici systématiquement leur détermination. Cette démarche est réservée à des ouvrages plus spécialisés.

LA PÉDOFLORE

L'étude de la pédoflore est presque essentiellement microscopique, surtout en ce qui concerne une détermination précise des organismes. Néanmoins, comme nous l'avons vu, le promeneur peut se rendre compte de leur présence par certaines manifestations ou indices typiques.

Les bactéries

Elles sont très nombreuses dans le sol qui est, pour beaucoup, leur véritable terrain de prédilection.

■ *Indices révélateurs sur le terrain*

• L'odeur d'humus, de terre mouillée

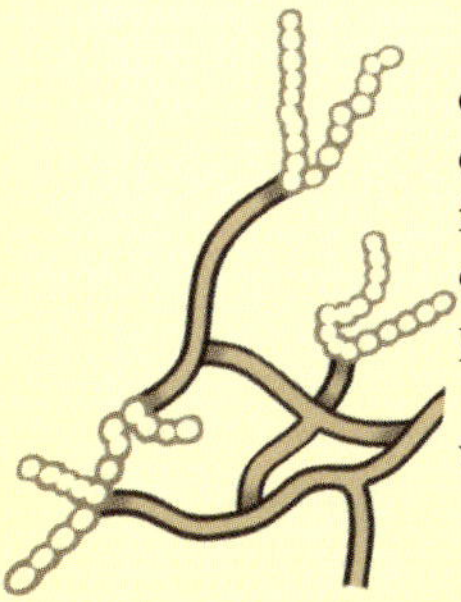

Allure générale des Actinomycètes

Elle révèle un des groupes le mieux représentés dans le sol : celui des Actinomycètes. Vues au microscope, ces bactéries ont une forme filamenteuse qui peut se schématiser par la figure ci-contre. L'extrémité de certains filaments se divise en conidies, cellules servant à la reproduction. La bactérie responsable de l'odeur appartient au genre Streptomyces.

• Les boursouflures qui déforment les racines de certains végétaux

– Les nodosités de l'aulne

Souvent observables sur les racines de cette essence, elles révèlent aussi la présence d'Actinomycètes, mais cette fois symbiotiques. Ces structures, qui peuvent atteindre la grosseur d'un point, renferment les bactéries du genre Frankia. Elles sont capables de fixer l'azote atmosphérique et de le rendre assimilable pour la plante qu'elles envahissent (ici, l'aulne).

Nodosités d'aulne.

– Les nodosités sur les racines des légumineuses

Elles sont le résultat d'une colonisation par d'autres types de bactéries très répandues dans le sol : les bacilles dont la forme est dite « en bâtonnets ». Ces bactéries appartiennent principalement au genre Rhizobium.

■ *Écologie et activités*

Les bactéries vivent dans tout type de sol, avec une préférence pour les sols riches. Elles sont très actives dans le cycle

Nodosités de légumineuses.

de l'azote, du fer, du soufre. Elles possèdent un pouvoir antiseptique et présentent de ce fait des antagonismes avec d'autres micro-organismes. Elles sont actives dans la transformation de tout produit (cellulose, lignine, pectine, protéine etc.). Elles forment des symbioses, notamment au niveau de la rhizosphère (nodosités).

- *Densité*

  De 1 à plusieurs milliards par gramme de sol.

Les myxomycètes

Ce type d'organisme assez commun possède deux aspects extérieurs caractéristiques : soit sous forme de masse gluante

Myxomycètes.

Myxomycètes.

mucilagineuse aux contours mal définis (« myxo » vient du grec *myxa*, mucosité), les plasmodes ; soit sous forme d'amas ronds ou allongés bien définis, pédicellés ou non, et produisant des spores, les sporanges. Pour certaines formes, on pourrait les prendre pour des champignons. Ce sont des organismes étranges rappelant à la fois le végétal et l'animal, suivant leur stade de développement. Lorsqu'ils sont sporanges, ils adoptent le mode de vie d'un végétal se dispersant grâce à des spores. Lorsqu'ils sont plasmodes, ils adoptent le mode de vie animal, se déplaçant par mouvements amiboïdes (déformation de la masse gluante). Les myxomycètes sont capables de germer après des dizaines d'années durant lesquelles ils attendent les conditions propices à leur développement.

Écologie et activités

Les myxomycètes se développent sur des bois morts en décomposition ou à même le sol. Ils interviennent dans la décomposition de la cellulose ; sous la forme de plasmodes, ils ingèrent des bactéries en les phagocytant.

Les champignons

Tous les groupes de champignons sont présents dans le sol. Comme pour les bactéries, dans de nombreux cas une détermination précise est essentiellement microscopique.

Indices révélateurs sur le terrain

On les détecte par la présence de mycéliums, de cordons mycéliens, de « moisissures », de fructifications ou de mycorhizes, par la décoloration des feuilles mortes, par les bois morts rendus friables (pourriture brune ou blanche; se reporter à la page 16 et sq).

Les mycorhizes ectotrophes sont les seules visibles à l'œil nu ou avec une loupe. On les recherchera sur les extrémités des radicelles des essences forestières (voir page 28 et sq).

Écologie et activités

Très actifs dans les sols souvent moins riches ils participent au recyclage et à la transformation de molécules longues (cellulose, lignine, etc.); ils forment des symbioses avec les racines des plantes (mycorhizes).

Les champignons du sol appartiennent aux trois grands groupes: les phycomycètes, les ascomycètes et les basidiomycètes.

• Phycomycètes: ils apparaissent parfois sous forme de moisissures. Avec un bon binoculaire, on peut en découvrir. Des filaments mycéliens sans cloisons transversales (longs tubes) caractérisent ce groupe (genre Mucor et genres voisins).

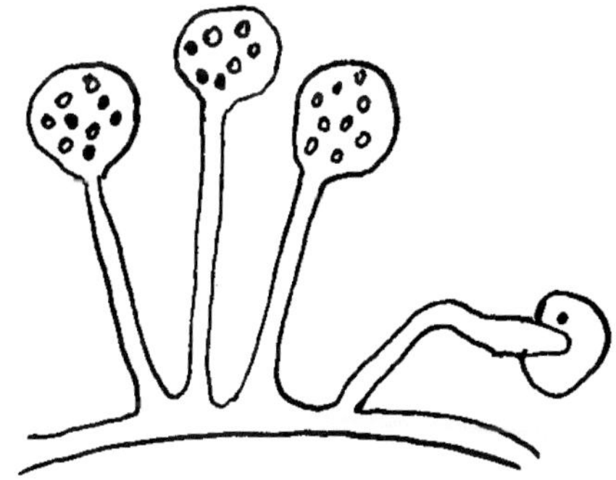

Phycomycète.

• Ascomycètes: ils sont très nombreux dans le sol et beaucoup se distinguent difficilement à l'œil nu. À la loupe, on découvre diverses fructifications à conidies, petits bourgeons provenant de la segmentation des extrémités des filaments et faisant office d'organes de disséminations. La reproduction sexuée de ces ascomycètes est inconnue; on les dénomme « *Fungi Imperfecti* » (Genre Penicillium et genres voisins).

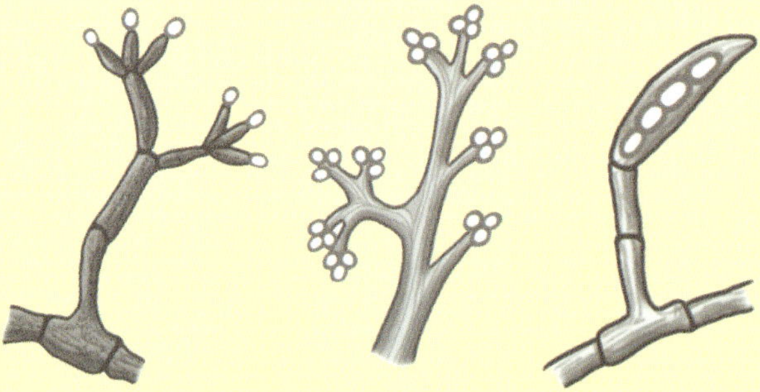

Fungi Imperfecti

Sur les débris végétaux ou à même le sol, on retrouve des fructifications de formes variées (chapeaux plats, en coupe, spongiforme, encroûtée), tout juste visibles à l'œil nu (grandeur d'une tête d'épingle) ou parfois atteignant quelques centimètres. C'est le groupe des ascomycètes à reproduction sexuée connue. Ils sont présents sur les bois morts en décomposition, mais aussi les feuilles mortes des litières, les chaumes des plantes herbacées, les cupules de fruits.

NECTRIA cinnabarina

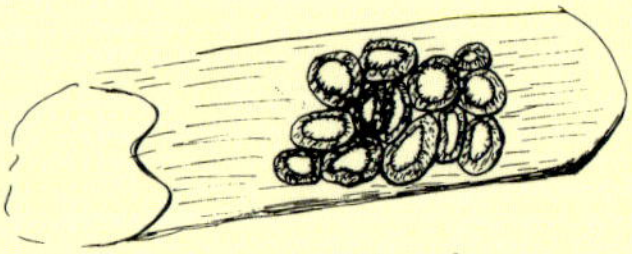

Dasyscyphus cerinus sur bois décortiqué (jaune ocre, poilu, 0,5 à 1,2 mm).

Dasyscyphus sp. sur feuilles, tiges et cupules en forme de coupe pedicellée ou non.

Helotium fructigenum sur gland

Rutstroemia firma. 5 à 10 mm, lisse, brun-rouge, légèrement pedicellé

Ascomycètes typiques des bois morts

• Basidiomycètes : la plupart des champignons à chapeaux typiques appartiennent à ce groupe. Le chapeau porte le nom de carpophore qui signifie tout simplement « porte fruit ». Cette partie très visible, et souvent de toute beauté, révèle la présence de filaments microscopiques, les hyphes, regroupés sous forme de myvéliums, partie active du champignon vis-à-vis du sol et dont il est parfois possible d'isoler plusieurs mètres sous forme de cordons mycéliens (voir page 78).

Certains Basidiomycètes sont mycorhiziens comme les Amanites, la plupart des Bolets, les Russules. D'autres sont saprophytes et agissent lors de la dégradation de la litière forestière comme les Marasmes, les Mycènes, les Collybies. Une multitude de petites espèces actives se rencontre sur divers constituants de la litière (feuilles, brindilles, enveloppes de fruits, chaumes de plantes herbacées), principalement des genres Mycène et Marasme.

Sur les résidus ligneux, on retrouve le groupe des Aphyllophorales, champignons à pores plus ou moins formés et à chapeaux souvent sans pied.

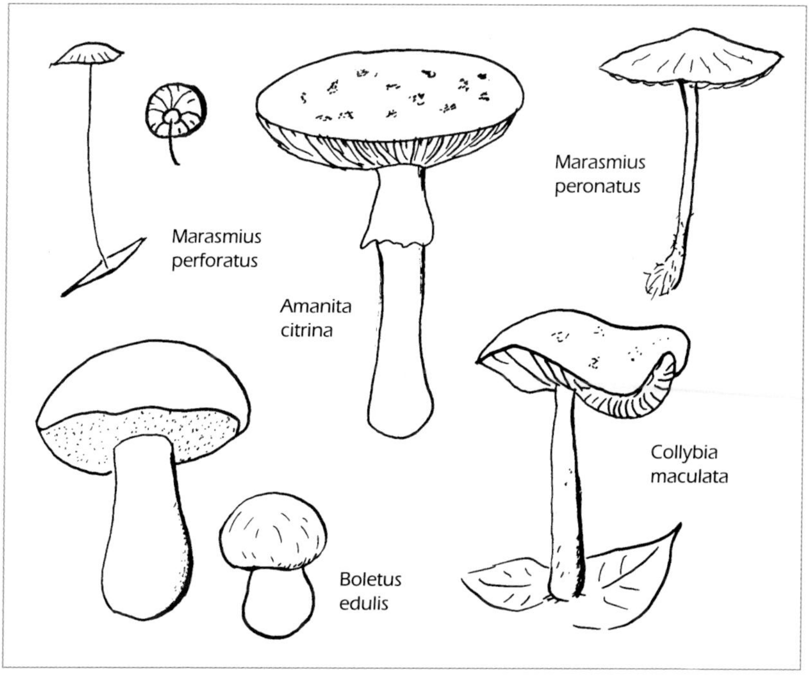

Cordon de mycélium de champignon dans la litière.

LA PÉDOFAUNE

Elle est souvent divisée en quatre groupes, d'après la taille des organismes. On distingue :
- **la microfaune**, dont la taille est comprise entre 0,002 et 0,2 mm ;
- **la mésofaune**, dont la taille est comprise entre 0,2 et 2 mm ;
- **la macrofaune**, dont la taille est comprise entre 2,0 à 20 mm ;
- **la mégafaune**, dont les individus mesurent de 20 à 200 mm.

En ce qui concerne la pédofaune, j'ai rassemblé ici des croquis de terrain permettant de déterminer sur le vif des représentants communs des divers groupes d'animaux. Une loupe binoculaire (grossissement 20 x) peut parfois s'avérer utile.

Du microscope à la loupe : micro- et mésofaune

■ PROTOZOAIRES (microfaune)

En pratique : ces animaux appartenant à la microfaune, ils s'observent à l'aide d'un microscope. Une goutte d'eau du milieu observé, placée entre lame et lamelle, sera un « terrain d'observation » sur le vif de ces minuscules animaux.

• Rhizopodes (amibes et flagellées)
Allure générale: petits animaux composés d'une seule cellule, cellule se déplaçant en se déformant (mouvements amiboïdes) ou cellule munie de flagelles pour se déplacer.
Écologie: vivent dans les films d'eau recouvrant les feuilles des litières.
Activités: se nourrissent de bactéries et d'autres amibes.
Densité: centaines de milliers à millions par cm^3.

Protozoaires rhizopodes: amibes et flagellés

• Thécamibiens
Allure générale: petits animaux unicellulaires comme les amibes, mais possédant une protection rigide (un test).
Écologie: sols acides avec peu de bactéries.
Activités: mangent diverses espèces de plantes et d'animaux.
Densité: centaines de milliers à millions par cm^3.

Protozoaire thécamibien

• Ciliés
Allure générale: petits animaux unicellulaires bordés de cils.
Écologie: vivent dans les poches d'eau du sol et les films d'eau sur les feuilles mortes.
Activités: mangent les bactéries et les amibes.
Densité: centaines de milliers à millions par cm^3.

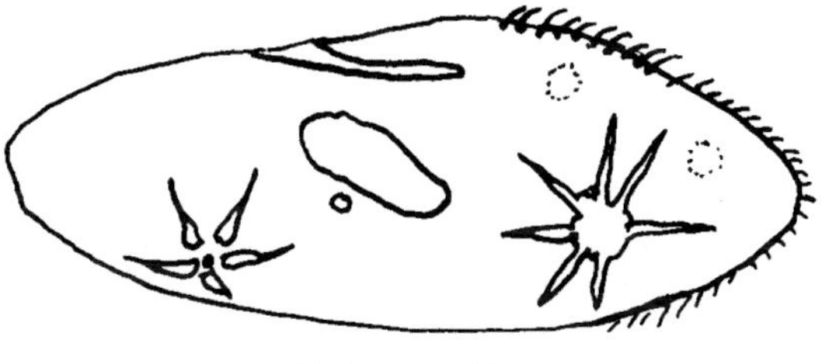

Protozoaire cilié

■ ROTIFÈRES (micro- et mésofaune)

En pratique : à regarder dans un récipient légèrement incurvé, style blister, qui fera office de verre de montre des scientifiques.

Allure générale : cils en mouvements constants, l'animal semble tourner sur lui-même.

Écologie : sols humides des forêts et des prés.

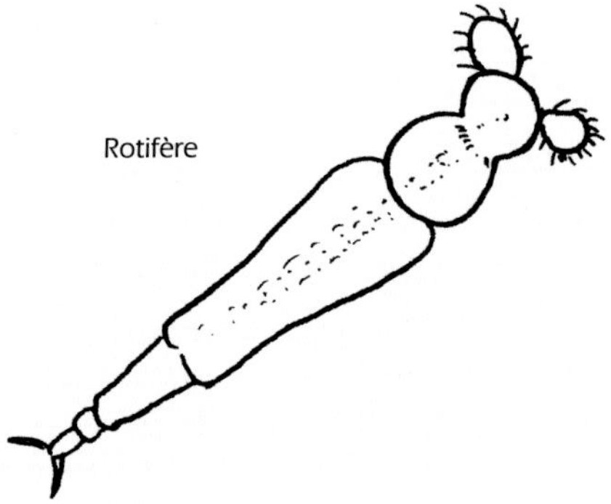

Rotifère

■ NÉMATODES (micro- et mésofaune)

En pratique : à extraire du substrat par la méthode Tullgren et à récupérer dans un fond d'eau.

Allure générale : corps filiforme non segmenté.

Écologie : horizons supérieurs du sol et près des racines.

Activités : saprophages et parasites des plantes supérieures, carnassiers (ils mangent d'autres nématodes) ; sont la proie des acariens et des arthropodes, se font piégés par le mycélium de champignons qui, en poussant, étrangle littéralement l'animal.

Densité : million par m^2.

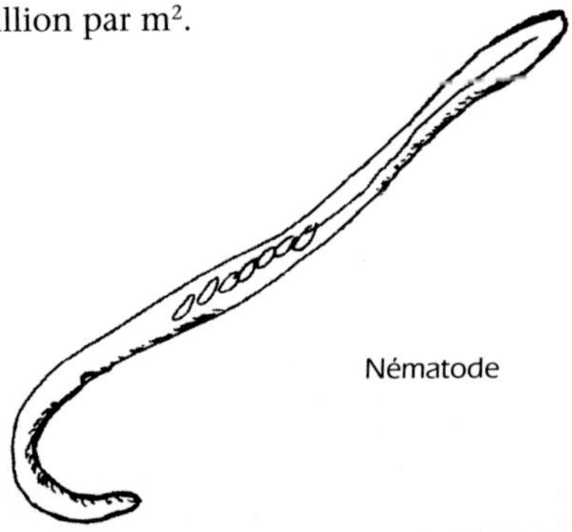

Nématode

▪ TARDIGRADES (micro- et mésofaune)
Allure générale : petits animaux trapus.
Écologie : parfois dans les litières, mais plutôt inféodés aux mousses.
Activités : mangent des débris de plantes.

Targigrade

De la loupe à l'œil nu : mésofaune

▪ VERS PLATS (plathelminthes)
Même groupe que la douve du foie et le ver solitaire.
En pratique : à voir avec une bonne loupe (10 x), à regarder sur fond coloré à cause de sa transparence.
Allure générale : animaux plats transparents à translucides, fusiformes.
Écologie : sols forestiers riches, lieux humides ; s'enkystent en milieux trop secs.
Activités : mangent des nématodes, des rotifères et des petits annélides.

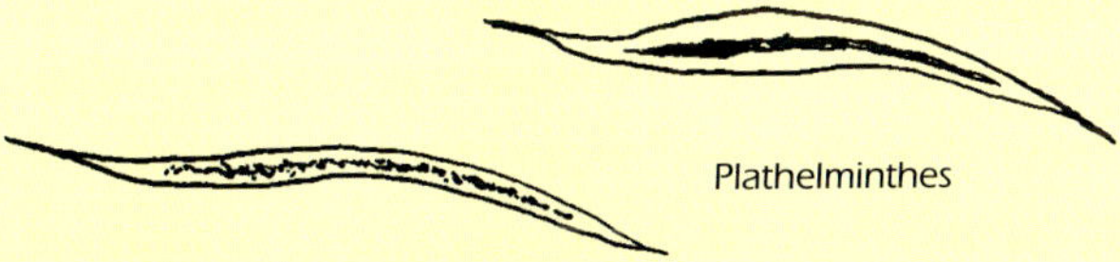

Plathelminthes

▪ ARACHNIDES

• Pseudoscorpions
(méso- et mégafaune)
Allure générale : 8 pattes caractéristiques des arachnides, grosses pinces (chélicères), rappelant un scorpion.
Écologie : dans l'humus riche de type mull.
Activités : mangent des microarthropodes (collemboles, par exemple).

Pseudoscorpion

- Acariens (mésofaune)

En pratique: vous ne raterez pas le trombidion ou aoûtat, petit acarien orange vif que l'on voit apparaître dès les beaux jours; il se développe par mues, la larve possède six pattes, l'adulte quatre.
Allure générale: petits animaux au corps globuleux; traces sous forme de feuilles en dentelle.
Écologie: sur feuilles des litières; bien adaptés à la sécheresse.
Activités: mangent le parenchyme (tissu tendre des végétaux) des feuilles des litières.

aoûtat adulte

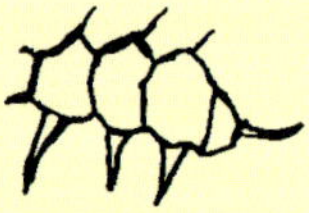

détail des pattes

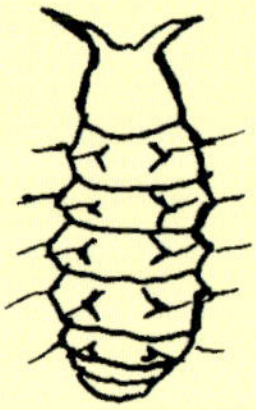

et sa larve

Feuille en dentelle.

PROCHES MYRIAPODES

- Pauropodes (mésofaune)

Allure générale: petits animaux avec peu d'anneaux, à antennes arborescentes caractéristiques.
Activités: mangent champignons et débris végétaux.

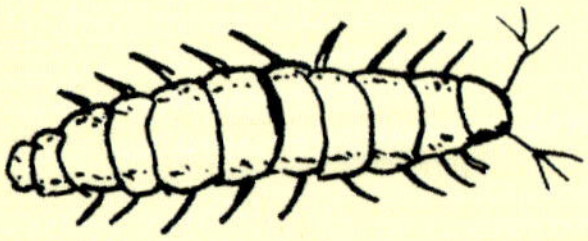

INSECTES

Les insectes de la mésofaune font partie des aptérygotes ; ils ne possèdent généralement pas d'ailes et possèdent un corps divisé en nombreux segments rappelant les myriapodes.

• Protoures (mésofaune)
En pratique : souvent dépigmentés, à regarder sur fond coloré.
Allure générale : corps allongé segmenté (11 segments à l'état adulte), pas d'antennes, des yeux ou parfois des ailes, bien que l'animal soit rangé dans les insectes sans ailes (aptérygotes).
Écologie : présents dans les feuilles mortes, dans la litière en décomposition sous les écorces, dans la mousse.

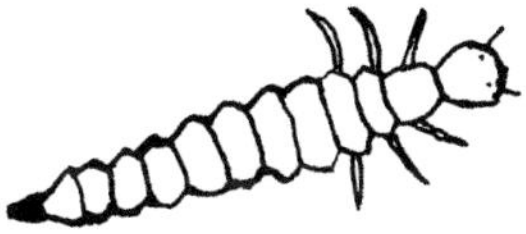

• Collemboles (méso- et macrofaune)
Allure générale : petits animaux possédant une furca, sorte de queue repliée sur l'abdomen et qui se détend lors du déplacement de l'animal (springtail des Anglo-saxons). Vous les verrez sauter !
Écologie : dans les litières de feuilles.
Activités : mangent les débris végétaux.

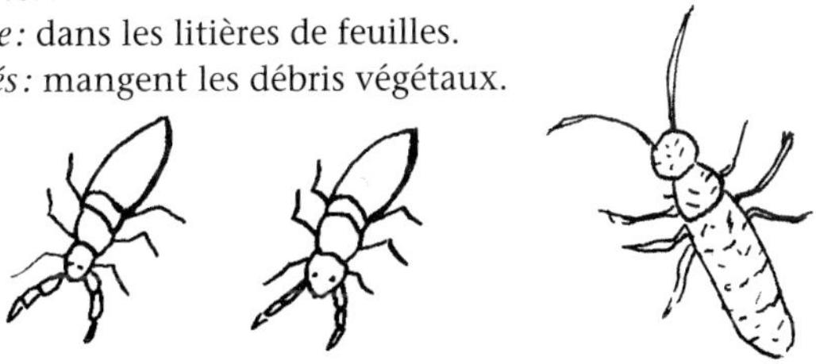

• Diploures (mésofaune)
Allure générale : petits animaux annelés à longues antennes, absence d'yeux (Campopodes).
Écologie : assez fréquents, mais rares dans les sols à régime hydrique variable.
Activités : se nourrissent de larves d'insectes (surtout des diptères), d'autres diploures, collemboles et hyphes de champignons.

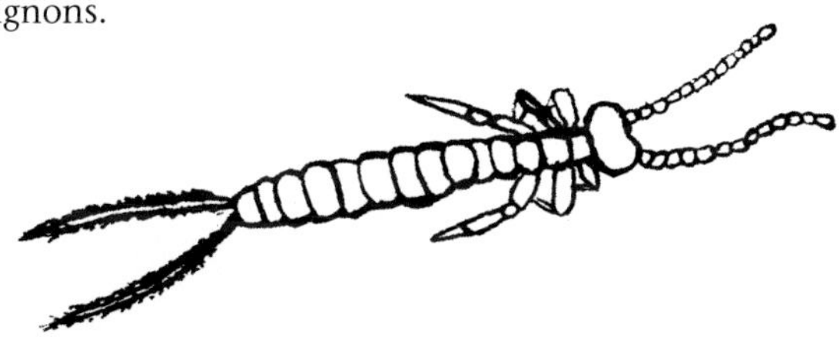

• Thysanoures (mésofaune)

En pratique : vous connaissez tous au moins un thysanoure, le poisson d'argent.

Allure générale : animaux souvent fusiformes sans ailes, avec de longues antennes et 3 cerques terminant le corps, qui est segmenté.

Écologie : dans les litières de feuilles.

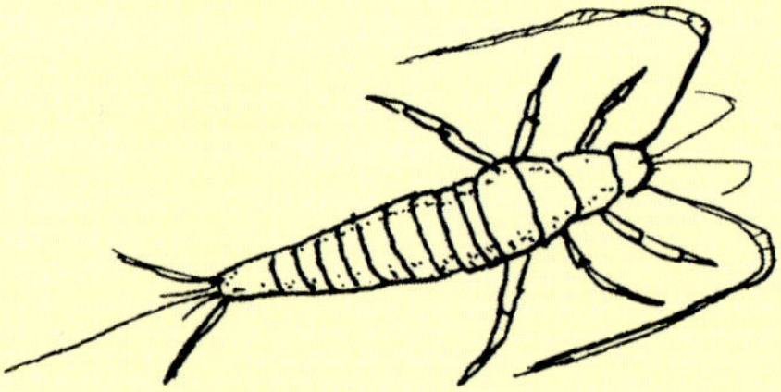

À l'œil nu

ANNÉLIDES

• Enchytréïdes (macrofaune)

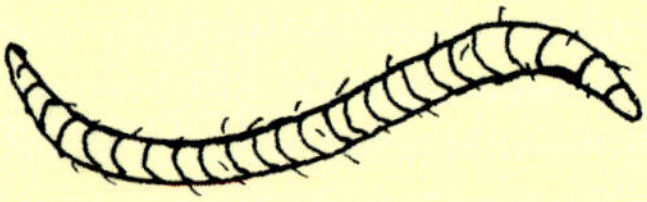

En pratique : souvent sans pigment, à regarder sur fond coloré.

Allure générale : petits vers cylindriques annelés et souvent transparents.

Écologie : fréquents dans les couches supérieures du sol.

Activités : ingestion de feuilles et de débris organiques, résistent à la sécheresse et à l'acidité ; milieux neutres et alcalins. Forment des complexes argilo-humiques. Favorisent l'activité de la microflore.

• Lombric (ver de terre) (macro- et mégafaune)

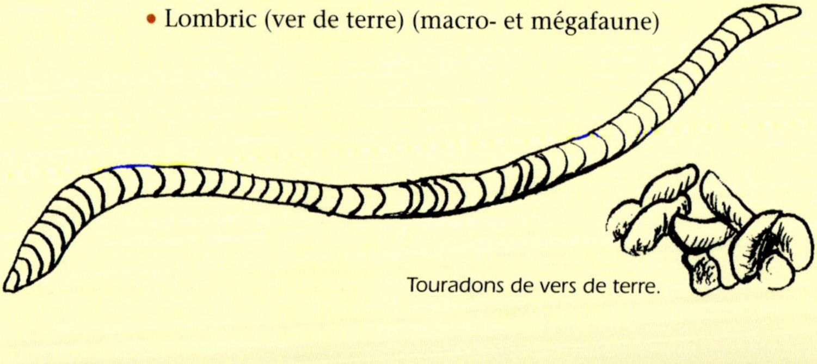

Touradons de vers de terre.

Allure générale : vers segmentés rouges ou roses ; traces sous forme de touradons et de galeries en profondeur.
Écologie : sols riches et frais.
Activités : animaux nocturnes ; ingèrent des débris organiques et de terres donnant des déjections riches favorisant la croissance de la microfaune et de la microflore. Rôle de brassage du sol.

MOLLUSQUES GASTÉROPODES

• Limaces et escargots (macro- et mégafaune)

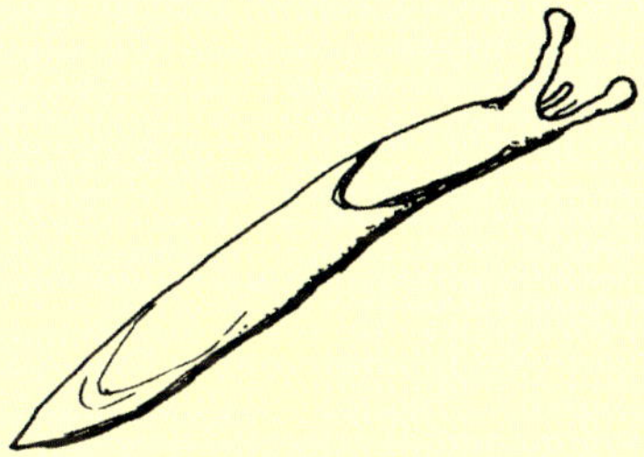

Allure générale : animaux bien connus du grand public ; corps mou avec ou sans coquille visible (chez les limaces, la coquille est interne) ; une ou deux paires de tentacules ; se déplacent en rampant.
Écologie : horizons supérieurs du sol, surtout en forêt ; dépendent de la densité des pores et du taux de calcium dans le sol nécessaire pour la formation de la coquille.
Activités : mangent des feuilles, mais certains sont carnivores et mangent des petits vers de terre.
Densité : variable suivant les conditions du milieu (pores et taux de calcium).
En pratique : on trouvera un très grand nombre d'espèces de mollusques gastéropodes au niveau du sol, dans les litières fraîches ou en décomposition ; ce sont des endroits idéaux pour faire l'observation de ces animaux.

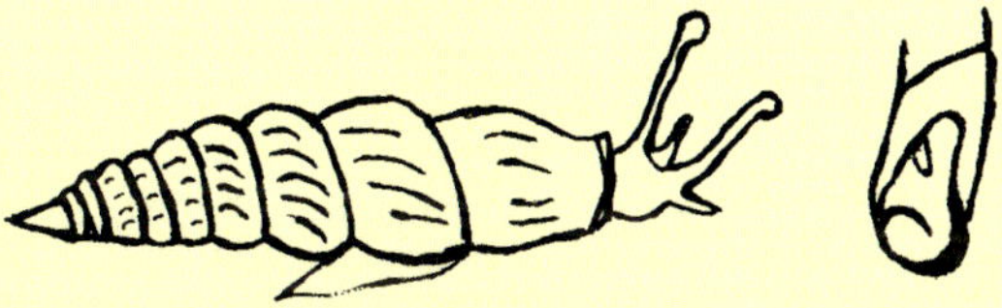

Macrogastra ventricosa (17 mm) avec vue de l'opercule

▬ CRUSTACÉS ISOPODES

• Cloportes (macrofaune)
Allure générale: petit animal carapaçonné, avec sept paires de pattes. Ces animaux craignent la sécheresse; ils possèdent un système respiratoire branchial.
Écologie: lieux humides, feuilles mortes.
Activités: mangent divers débris végétaux.

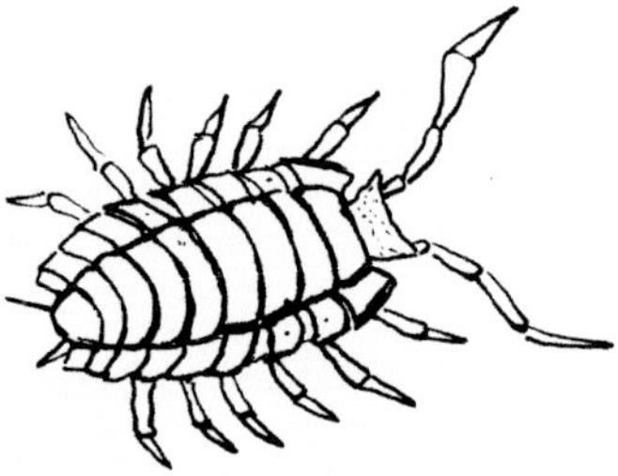

▬ ARACHNIDES

• Araignées (macrofaune)
Allure générale: thorax et tête confondue (céphalothorax), 4 paires de pattes, abdomen volumineux, présence de chélicères, sorte de pinces prédatrices.
Écologie: c'est principalement à la surface des litières forestières qu'il est intéressant de les voir évoluer; très vives, elles apparaissent dès que le soleil réchauffe suffisamment l'atmosphère.
Activités: les araignées sont prédatrices; les litières et le ras du sol sont leur terrain de chasse.
En pratique: en fin de saison (automne), sous les écorces des bois morts, on retrouvera des nids de diverses espèces ressemblant à de petits bouts d'ouate logés dans des interstices. Il est facile de les conserver en terrarium pour les voir éclore au

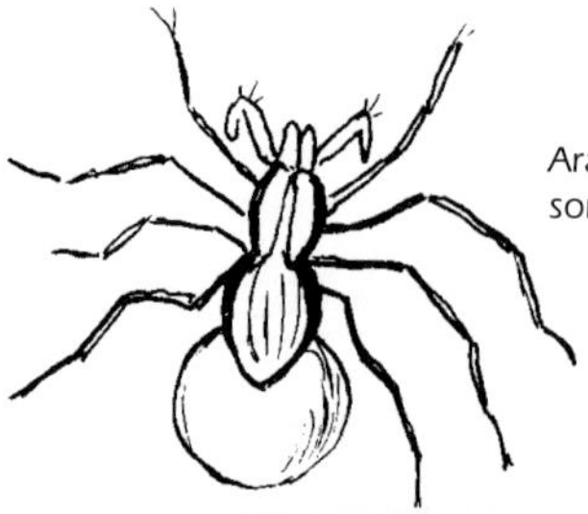

Araignée portant son cocon

printemps suivant. On rencontrera fréquemment des araignées transportant leurs œufs dans un cocon très souvent plus grand qu'elles.

MYRIAPODES

• Mille-pattes (macro- et mégafaune)

Aspect de vers brillants caparaçonnés avec nombreuses pattes. Se reproduisent par mues successives.

On distingue deux grands groupes de mille-pattes :

– les Diplopodes

Allure générale : caractérisés par 2 paires de pattes à chaque segment (iule, gloméris).

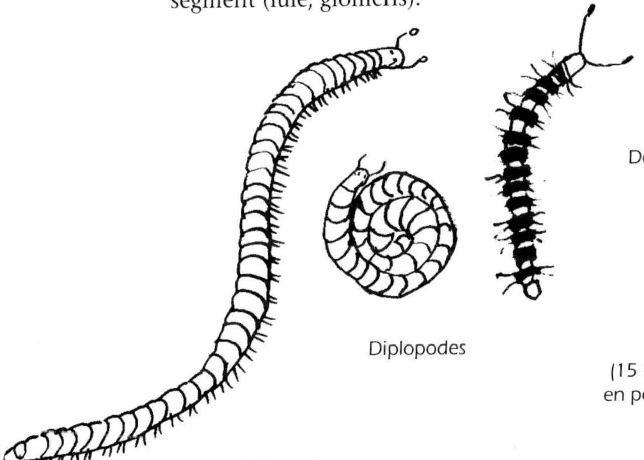

Détail de quelques segments

Diplopodes

Gloméris
(15 mm, noir brillant)
en position de défense

– les Chilopodes

Allure générale : 1 paire de pattes à chaque segment (scolopendre).

Écologie : dans la litière de sols rocailleux (dits sols squelettiques).

Activités : déchiquettent la litière ; réducteurs de feuilles tendres ramollies par les champignons

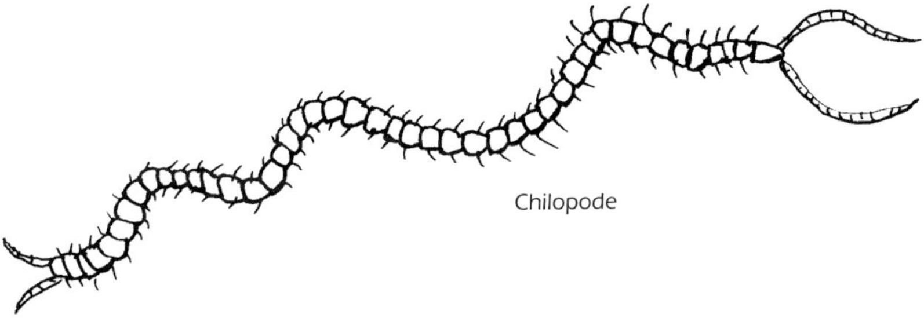

Chilopode

■ INSECTES

Parmi les insectes de la macrofaune, on retrouve de nombreux représentants appartenant à divers groupes. Beaucoup ont un lien avec le sol, soit parce qu'ils y cherchent leur nourriture (ils peuvent être herbivores, omnivores, détritivores, prédateurs, parasites), soit parce que le sol est le lieu de leur ponte et (ou) de développement de leur larve.
Rappelons que les insectes possèdent trois paires de pattes, que leur corps se divise en trois parties (tête, thorax, et abdomen), qu'à l'état adulte ils possèdent généralement deux paires d'ailes, que de nombreux groupes présentent un stade larvaire. Œufs, larves et adultes sont très présents dans les sols. Le sol et les litières forestières sont d'excellents lieux de découvertes pour les entomologistes.
Voici quelques représentants communs faisant partie de la méso- et de la macrofaune du sol et que le fouineur rencontrera à coup sûr.

• Dermaptères (forficules ou perce-oreilles)
Écologie : ils vivent au ras du sol.
Activités : ils se nourrissent de détritus organiques et ont un régime omnivore.

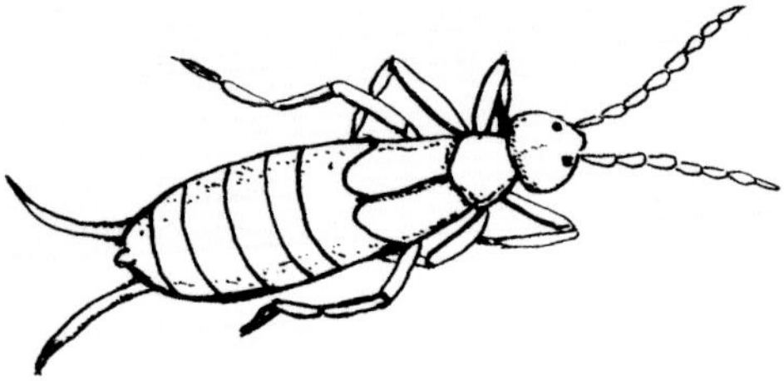

• Orthoptères (grillons, sauterelles, etc.)
Écologie : dans les jardins et les zones cultivées, on rencontre la courtilière à proximité des racines. En forêt, dans les litières, on rencontre le grillon des bois (*Nemobius sylvestris,* ci-dessous).

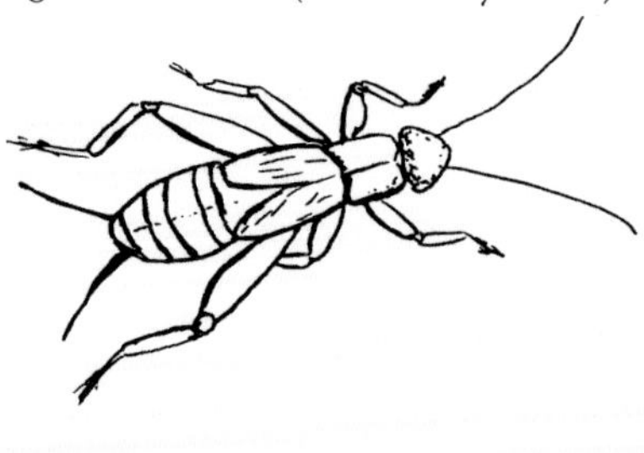

Activités : le creusement de terriers engendre le mélange des particules du sol et le stockage de nourriture (plantes vertes) ; enrichit localement le sol en matière organique. La courtilière se nourrit de racine mais aussi d'insectes.

• Hémiptères (punaises)
Écologie : on rencontre diverses espèces de punaises, surtout dans les litières en surface ; mais ces insectes ne sont pas véritablement caractéristiques des sols.

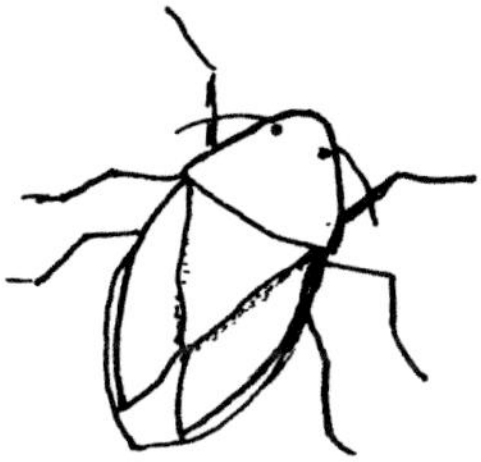

• Homoptères (cigales, etc.)
Écologie : les larves de cigales se retrouvent aux abords des racines des plantes dont elles se nourrissent. Les larves souterraines de la cigale correspondent au deuxième stade de développement. Ce stade souterrain dure quatre années durant lesquelles la larve subit plusieurs mues.

• Hyménoptères (méso- et macrofaune)
C'est principalement la fourmi qui est inféodée au sol.
Écologie : tout type de sol.
Activités : action de brassage du sol, apport de nourriture utilisée par les microarthropodes ; se nourrissent d'autres insectes et de pucerons, mais jouent un rôle de protection pour les microarthropodes.

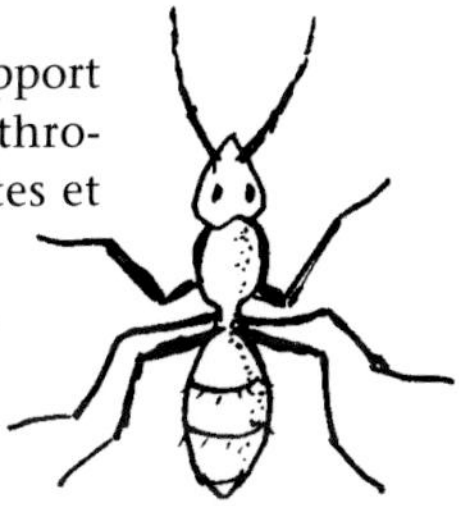

• Névroptères

Plusieurs espèces de ce groupe ont leurs larves qui se développent dans le sol, la plus populaire est le fourmilion (ci-dessous, dégagé du sol).

Écologie : le fourmilion creuse des entonnoirs dans les sols sableux et piège ainsi d'autres insectes. Les larves d'autres espèces se retrouvent dans le sol.
Activités : bons prédateurs d'autres insectes.

• Coléoptères (notamment cicindèles, dont les larves font des pièges dans le sable ; carabe, staphylin et genre voisins, nécrophores, cétoine, taupin, etc.)

Larve du Taupin des moissons (10 mm), corps à segments caparaçonnés ocres.

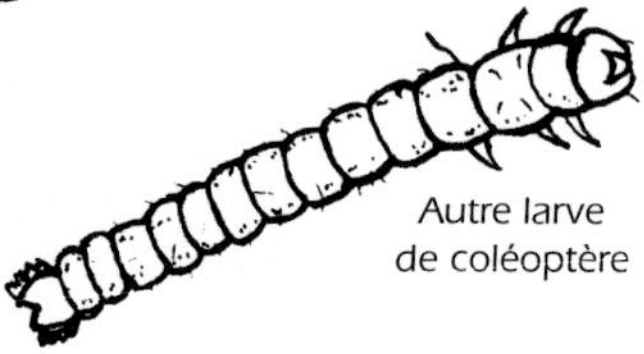

Autre larve de coléoptère

Écologie : de très nombreuses espèces sont présentes dans les étages supérieurs du sol. On retrouve des adultes mais aussi des larves et des nymphes.
Activités : mangent d'autres animaux ou des algues et aussi des charognes. Le carabe mange des vers de terre, des escargots et d'autres insectes. Le staphylin mange des larves d'insectes et des charognes, des algues et pond dans des terriers. Le nécrophore a un rôle de fossoyeur ; la larve de cétoine vit dans le sol, comme celle du taupin des moissons que l'on rencontre fréquemment en bêchant et qui se nourrit de racines.
En pratique : les larves de coléoptères ont la forme de ver, souvent blanc, nettement segmenté et 3 paires de pattes.

• Lépidoptères (papillons)

On retrouve ce groupe uniquement sous forme de chenille (larve) ou d'imago (nymphe).

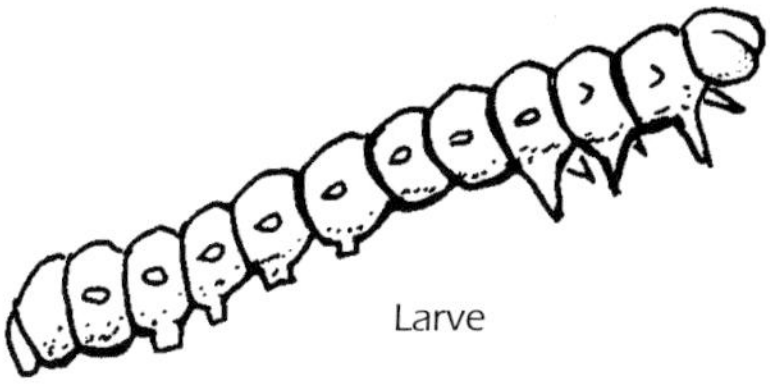

Écologie : dans les couches supérieures du sol, il est courant de retrouver des chenilles et des nymphes. Les animaux sont arrivés à un stade de développement où ils ne se nourrissent plus.
Activités : pas de rôle direct pour le sol.
En pratique : les chenilles ont la forme de vers ; elles se distinguent, outre leurs 3 paires de pattes, par la présence de pseudopodes (fausses pattes).

• Diptères (mouches)
Ce groupe d'insectes est très bien représenté dans le sol, essentiellement sous forme larvaire ; ils ont l'aspect de vers apodes, ce qui les différencie des larves de coléoptères et de diptères.

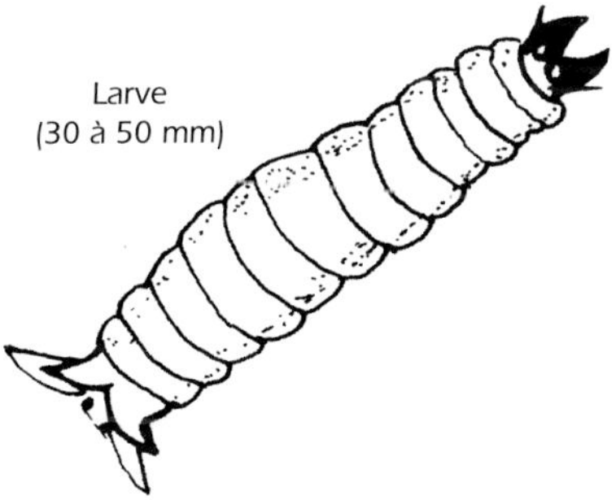

Écologie : dans les galeries du sol déjà faites et dans les horizons superficiels près des racines.
Activités : les larves sont fouisseuses ; elles forment des pores dans le sol. Leur nourriture est variée. Suivant les espèces, le régime est fait de feuilles mortes et vivantes, de racines, de bois morts tendres, parfois de mycélium, de pelotes coprogènes d'autres animaux. Ils peuvent aussi être prédateurs et parasites.

LA MÉGAFAUNE

Bien que le pédologue n'étudie pas systématiquement, lors de ses investigations, les animaux dont la taille est supérieure à 20 mm, il est bien conscient du rôle que joue toute cette faune. De nombreux petits mammifères ont pour lieu de vie le sol. Taupes, mulots, musaraignes, souris, hérissons, batraciens et reptiles jouent un rôle incontestable dans la formation des sols. Brassage de terres, création de cavités réutilisées par d'autres membres de la communauté animale du sol, régulations des populations de cette communauté, etc.

4 DE LA PLANTE AU SOL, DU SOL À LA PLANTE

Le lien intime qui unit plantes et sols permet de déterminer dans la nature, pour une même région géographique, une série de végétaux révélateurs des différents types de sol et surtout d'humus. Richesse d'un sol en éléments minéraux, humidité, aération d'un sol peuvent êtres indiquées par la présence de certaines espèces végétales. Divers spécialistes en ce domaine (Duchaufour, Duvigneaud, Ellenberg) ont déterminé des groupes de plantes caractéristiques d'un sol. Ainsi, plusieurs espèces végétales peuvent présenter des affinités pour un milieu précis. De tels végétaux poussent dès lors ensemble et forment des groupements typiques d'un endroit; ils donnent à cet endroit sa physionomie, et en déterminent le paysage. Certaines espèces n'ont pas ou peu d'exigences particulières. Elles se retrouvent généralement sur divers types de sol; ce sont des espèces à large amplitude écologique; on les dit cosmopolites et sans valeur indicatrice pour les sols.

Quelques plantes pour quelques sols : planches illustrées des plantes indicatrices et leurs sols correspondants

La végétation qui pousse spontanément dans nos campagnes peut donc nous renseigner sur la nature du sol. La présence dominante et en abondance de telle ou telle espèce donnera des indications précises sur la richesse d'un sol. Dans la flore de nos régions, j'ai choisi une série d'espèces végétales indicatrices de la nature du sol sur lequel elles poussent. Les plantes sélectionnées sont bien connues du grand public et, dans la mesure du possible, ont été retenues celles dont la répartition géographique était suffisamment vaste pour couvrir tout ou presque tout notre territoire de découverte. Il existe évidemment de nombreuses autres espèces qui renseignent sur la nature du sol; certaines sont parfois plus localisées. Face aux plantes sélectionnées sont disposés des profils schématiques des sols qu'elles révèlent. On remarquera que le type d'humus est déterminant pour la plante. La nature n'étant pas rigide, une certaine flexibilité dans la répartition des végétaux reste toujours possible. Ainsi, on pourra retrou-

Groupement à Bruyère (sol pauvre).

Pelouse à brachypode (sol rendzinoïde).

Groupement de sol moyennenment riche à humus de type moder
dominé par le fougère aigle accompagnée du genêt à balais.

ver par exemple le chèvrefeuille, espèce du moder, sur un mull. Un certain glissement peut donc s'envisager en consultant les planches qui suivent.

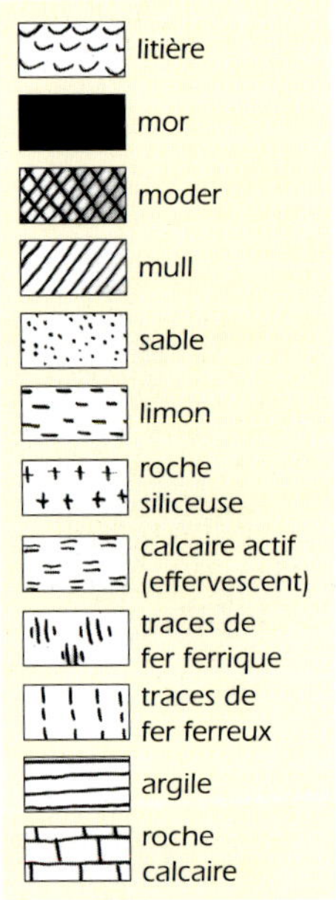

La planche 1 représente quelques espèces de sols riches, en bioéléments et principalement en calcium. Ainsi, à gauche se situent des plantes strictement liées au calcaire (plantes calcicoles), poussant sur sol du type rendzine. Plus on se déplace vers la droite, moins le sol contient de calcaire et la réaction à l'acide n'a plus lieu. On passe ainsi d'un humus très riche avec un pH pouvant atteindre 8,5 à un mull doux où le pH atteint des valeurs aux alentours de 6,5 à 7. À l'extrême droite de la planche sont regroupées quelques espèces révélant cette fois un sol riche en azote ; ces plantes sont désignées sous l'appellation de « nitrophytes ».

La planche 2 regroupe des espèces moins exigeantes : de gauche à droite de la planche, on rencontre des espèces typiques d'un humus plus acide, le mull acide, en passant par les espèces du moder, pour atteindre des espèces nettement plus frugales et peu exigeantes, telle la myrtille, qui reflète un humus pauvre de type mor dont le pH ne dépasse pas 4.

La planche 3 représente d'une part les espèces prairiales, d'autre part des espèces de sols hydromorphes. Le balancement de l'eau détermine la formation de ces sols et partant les espèces végétales qui y poussent.

On retrouve donc à gauche de la planche le cortège des graminées de prairies sur sol riche et aéré, suivi de quelques graminées qui dévoilent un sol appauvri et mal équilibré.

Enfin, le surpâturage est révélé par Plantains et Chardons poussant sur sols tassés et par la présence de la Renoncule rampante et de la Pâquerette qui affectionnent une certaine richesse en ammoniaque du sol et peuvent donc très bien côtoyer des plantes nitrophytes représentées en planche 2.

L'autre partie de la planche est consacrée à quelques espèces indiquant des sols dits mal balancés du point de vue hydrique. Ces espèces révèlent souvent des sols à gley ou pseudogley.

En dernière partie de la planche, on retrouve quelques plantes typiques de sols riches en sel et qui, eux aussi, peuvent présenter des traces de gleyification.

La campanule gantelée *(campanula tradeleuna)* révèle un sol riche.

SOLS RICHES

sols rendzinoïdes à calcaire actif — sols à mull calcique — sols à mull doux

1. Cornouiller mâle (*Cornus mas*)
2. Digitale jaune (*Digitalis lutea*)
3. Hellébore fétide (*Helleborus fetidus*)
4. Joli bois (*Daphne mezereum*)
5. Clématite (*Clematis vitalba*)
6. Alizier (*Sorbus terminalis*)
7. Églantier (*Rosa canina*)
8. Fusain d'Europe (*Evonymus europaeus*)
9. Campanule gantelée (*Campanula trachelium*)
10. Troène (*Ligustrum vulgare*)
11. Aspérule odorante (*Galium odoratum*).

SOLS RICHES

sols à mull

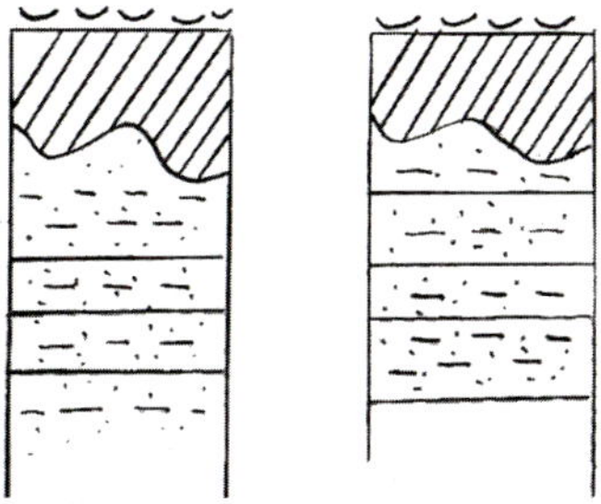

sols riche en azote

12. Érable champêtre (*Acer campestre*)
13. Lamier jaune (*Lamium galeobdolon*)
14. Pervenche (*Vinca minor*)
15. Jacinthe des bois (*Hyacinthoides non-scripta*)
16. Charme (*Carpinus betulus*)
17. Noisetier (*Corylus avellana*)
18. Lierre (*Hedera helix*)
19. Alliaire (*Alliara petiolata*)
20. Sureau noir (*Sambucus nigra*)
21. Épiaire des bois (*Stachys sylvatica*)
22. Ortie dioïque (*Urtica dioica*).

SOLS MOYENNEMENT RICHES À PAUVRES

1. Circée de Paris (*Circea lutetiana*)
2. Lapsane (*Lapsana communis*)
3. Oxalis petit oseille (*Oxalis acetosella*)
4. Millet diffus (*Milium effusum*)
5. Violette (*Viola riviniana*)
6. Chèvrefeuille (*Lonicera periclymenum*)

SOLS MOYENNEMENT RICHES À PAUVRES

sols à moder sols à mor

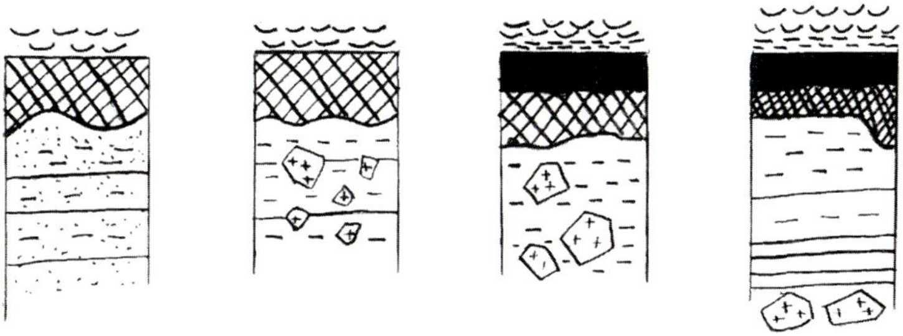

7. Genêt à balais (*Cytisus scoparius*)
8. Muguet (*Convallaria majalis*)
9. Luzule des bois (*Luzula sylvatica*)
10. Ajonc d'Europe (*Ulex europaeus*)
11. Canche flexueuse (*Deschampsia flexuosa*)
12. Myrtille (*Vaccinium myrtillus*)
13. Bruyère commune (*Calluna vulgaris*).

SOLS DE PRAIRIES

1. Ivraie (*Lolium perenne*)
2. Dactyle (*Dactylis glomerata*)
3. Fléole des prés (*Phleum pratense*)
4. Fétuque des prés (*Festuca pratensis*)
5. Fétuque rouge (*Festuca rubra*)
6. Crécerelle (*Cynosorus cristatus*)
7. Cirse des champs (*Cirsium arvense*)
8. Pâquerette (*Bellis perennis*)
9. Renoncule rampante (*Ranunculus repens*)
10. Plantain moyen (*Plantago media*)
11. Reine des prés (*Filipendula ulmaria*)

SOLS HYDROMORPHES

12. Aulne glutineux (*Alnus glutinosa*)
13. Molinie (*Molinia caerulea*) et sa touffe appelée touradon
14. Jonc épars (*Juncus effusus*)

15. Statice (*Limonium vulgare*)
16. Gazon d'Olympe (*Armeria maritima*)
17. Salicorne (*Salicornia sp*)
18. Spartine (*Spartina towsendii*)

5 LES GOÛTS DE LA TERRE

Connaissez-vous le goût de la terre ? Assurément oui, mais indirectement. N'a-t-on pas entendu nos parents évoquer avec nostalgie le goût des légumes frais des potagers d'antan ? Balivernes de vieux ? N'avez-vous jamais apprécié le goût exquis d'une salade fraîchement cueillie au jardin ? cette subtile saveur de noisette associée au croquant et à cette infime mais délicate amertume ?

Comparez-la à la fadeur d'un légume d'un supermarché.

Celui qui cultive des asperges sait bien qu'un amendement différent à sa culture lui donnera des asperges au goût plus ou moins prononcé. La plante pompe les éléments minéraux du sol (les fameux poly- et oligoéléments si vantés dans la publicité) et sa composition varie donnant un goût spécifique aux légumes, un goût qui, naturellement, varie en fonction des éléments disponibles dans le sol.

Pour produire beaucoup, durant ces dernières décennies, on avait un peu oublié l'aspect gustatif de nos aliments. Il est vrai que la recherche avait pu atteindre et obtenir une composition chimique optimale du sol pour une production maximale mais aux dépens du goût. À l'extrême, on en est arrivé à produire des légumes en hydroculture : le substrat est inerte et la solution nutritive optimale pour la plante remplace le sol – excellente méthode évitant des productions aléatoires –, mais le goût de la terre disparaît. Toujours dans un souci de produire plus à l'abri des parasites, on répand pesticides et engrais sur les cultures ; ainsi le goût des productions s'uniformise. Ces pratiques font disparaître le goût du terroir de la production d'une région.

Ce goût de la terre, son importance, sa fragilité face aux pratiques agricoles, se révèlent par exemple dans nos vins. C'est en goûtant le vin que l'amateur reconnaîtra le bon goût du terroir. Des recherches actuelles démontrent que le goût du terroir se perd par l'abus d'engrais et de pesticides.

Ces derniers détruisent la microflore à la base de la formation des sols, source des éléments puisés par la vigne et donnant, au final, le goût du vin. Ces éléments pompés par la vigne sont ceux du sol en place, la composition de ce dernier reflète directement la roche-mère en place, donc le terroir. La qualité du raisin et partant le goût du vin dépendent de la nature du sous-sol par le truchement des micro-organismes qui lui sont inféodés. Mais, qui plus est, certains de ces micro-organismes (les levures notamment) sont présents dans l'air environnant et interviennent alors directement sur la fermentation à l'origine du vin. Le vin est la quintessence du terroir. Ce terroir, c'est la terre du lieu, c'est un tout d'une infinie complexité où plante, roche-mère, micro-organismes sont intimement liés. Toute intervention dans cet écosystème qu'est l'édaphotope doit être réalisée avec respect pour cet équilibre majestueux entre la nature et l'homme qui aboutit à la qualité gustative d'un vin. Ignorer ces relations par l'ajout intempestif d'engrais et de pesticides uniformise les vins. Le goût d'un vin est la synthèse écologique du sol qui l'a engendré.

6 DÉGRADATION ET POLLUTION DES SOLS : NOTRE PROBLÈME

Au terme de ce guide, le lecteur aura compris que le sol est un passage obligé pour le fonctionnement harmonieux des communautés vivantes et partant de toute la biosphère.

Nous faisons partie intégrante de ces communautés vivantes, et ainsi tirons-nous profit de nos terres. Au fil du temps, nous avons amélioré nos pratiques culturales pour notre bien-être (produire plus, se prémunir des parasites, conquérir d'autres terres moins fertiles, etc.). À force d'augmenter les productions, et parce que dans les communautés humaines est née la dimension de la rentabilité monétaire, nous avons présenté des stratégies qui nous ont fait agir en parasites. Notre croissance mais aussi nos pratiques « malhabiles » nous ont conduits à devenir les êtres vivants les plus influents sur la genèse des sols, au même titre qu'un facteur géologique ; ainsi nous dégradons et polluons nos sols.

Avec les quelques notions acquises dans cet ouvrage et les découvertes glanées au cours de promenades dans nos campagnes, imaginons quelques effets de nos pratiques et de nos modes de vie sur le fonctionnement de ce biotope qu'est le sol.

Au nom de la rentabilité, nous créons d'immenses espaces de cultures, nous en prélevons toute la production, y compris les parties de la plante non utilisées ; matières minérales et organiques sont ainsi retirées du champ. Nous remédions à cet appauvrissement en rajoutant des engrais chimiques et une fumure. Mal dosées, ces pratiques entraînent à long terme une accumulation d'impuretés (produits toxiques et stables) apportées avec les engrais chimiques, ainsi qu'une diminution de la matière organique du sol. Les colloïdes naturels du sol, nos fameuses éponges à bioéléments (complexe argilo-humique) nécessaires à la croissance de la plante, s'altèrent.

Contre les parasites, nous utilisons pesticides, fongicides. Pour faire propre, ou pour produire, plus nous déversons des herbicides. Tous ces produits sont rajoutés souvent en doses massives et préventivement, même dans nos petits jardins, nos parcs et le long de nos routes. Ces substances chimiques ont un large spectre d'actions et leur nocivité touche bien plus que le parasite : le cousin, si utile. De plus, elles s'accumulent dans le sol ou bien sont entraînées dans les eaux qu'elles polluent.

Sous leurs actions, la biodiversité du sol diminue, faune et flore s'appauvrissent en espèces et leur lent travail de recyclage, de remaniement, d'enrichissement du sol s'éteint petit à petit ; les symbioses bénéfiques aux communautés du sol disparaissent. À la limite, le sol devient un substrat inerte maintenu artificiellement. Les productions elles-mêmes finissent par être affectées, ainsi retrouve-t-on des laitues aux nitrates ; ainsi se perd le goût du terroir de nos vins...

Une dimension supplémentaire est née au sein de nos sociétés industrialisées – l'économie monétaire – et surtout, à cause de cela, nous nous sommes comportés comme étrangers aux lois de la biosphère. Mais celles-ci nous ont rattrapés, et la dimension écologique nous désigne comme facteur dominant dans la dégradation des sols. Belle leçon d'humilité ! Redressons la barre : nous en sommes capables, nous avons vu la frontière ténue entre parasitisme et symbiose.

Composons avec l'acquis de nos ancêtres et nos recherches de pointe en ne méprisant ni l'un ni l'autre. Prenons conscience de l'intérêt de la biodiversité, vrai patrimoine de l'humanité et qui prend racine dans nos sols. Observons la vie : elle recèle encore bien des mystères.

Exemple de dégradation des sols par mauvaise pratique culturale : on note l'apparition d'un horizon cendreux sous les pins (vers la gauche), alors que sous les hêtres l'horizon humifère est noirâtre (vers la droite).

Imprimé en U.E., sur les presses de **beta**